改訂 森林情報学入門
－森林情報の管理とITの活用－

田中万里子 著

森林GIS、GPS、リモートセンシング
空中写真とデジタルオルソフォト
レーザプロファイル、デジタルデータ
インターネット
新しい技術RFID（Radio Frequency Identification）
木材トレーサビリティシステム

東京農大出版会

目　次

はじめに　…………………………………………………………………………5

改訂に当たって　…………………………………………………………………6

Ⅰ．森林情報学とは？　…………………………………………………………7

Ⅱ．データベースの必要性　……………………………………………………13

Ⅲ．森林GISに何ができるか？　………………………………………………17

Ⅳ．GISのしくみ　………………………………………………………………27

Ⅴ．森林GISの普及状況とアプリケーションソフトの充実　………………43

Ⅵ．森林GIS導入と運用の問題点　……………………………………………51

Ⅶ．GPSの活用　…………………………………………………………………61

Ⅷ．リモートセンシングの活用　………………………………………………71

Ⅸ．空中写真とデジタルオルソフォトの活用　………………………………77

Ⅹ．レーザプロファイルの活用　………………………………………………81

Ⅺ．デジタルデータの普及と活用　……………………………………………85

Ⅻ．インターネットの仕組みと現状　…………………………………………91

ⅩⅢ．森林地域にとってのインターネット　……………………………………101

ⅩⅣ．新しい技術RFIDの可能性と木材トレーサビリティシステム　…………109

ⅩⅤ．森林情報複合システムへ　…………………………………………………125

付　録　……………………………………………………………………………133

索　引　……………………………………………………………………………136

著者紹介　…………………………………………………………………………139

はじめに

　東京農業大学地域環境科学部森林総合科学科では、10年ほど前から「森林情報学」を開講しています。内容はGIS、GPS、インターネット、リモートセンシングなどITと森林情報の関係について学習していますが、年々新しい内容が付加され、毎年学習内容が変わっています。IT分野の新技術の開発は目覚しく、森林情報への活用も盛んです。

　今までは「森林GIS入門」をテキストとして採用し、森林GISを中心に講義を行ってきました。しかし、テキスト以外の内容も多くなってきたため、このたびテキストを作成することにしました。変化の真っ最中でのテキスト作成ため、次のことを念頭に作成しています。

　GISやリモートセンシングなどの個々の技術については、既に良いテキストが世に出ています。このテキストは講義用であり、「森林情報学」の概論として位置づけ、技術の「基本的な考え方」を理解し、現状を紹介し、将来の応用を考えることを目的として作成しました。

　学生のみなさんは既にパソコンを学習に利用し、インターネットでの情報検索も行いレポート作成を行っていることでしょう。そこで、現状についてはこまめにインターネット検索してこのテキストが古くなるのをフォローしてもらいます。自分で調べるとより深く理解できます。

　また、将来性についてですが、ITの5年後を予測することは難しいため一緒に考えていきましょう。それには他産業界でのIT利用方法などが参考になります。学生のみなさんの柔軟な頭脳に期待しています。そのため、章のさいごに課題を設定しています。社会に出ると正解の無い（正解と決められない）課題の連続です。自由度の大きな課題として挑戦してみてください。

　さいごにお願いです。より良い講義実施のために受講生のみなさんの意見を聞いて参考にしていますが、より良いテキストにするため、読者や受講生のみなさんのご意見を聞かせていただけると幸いです。

　もしも読者のみなさん、受講生のみなさんの興味を大きくできたならば作成者冥利に尽きるところです。

2006年盛夏

改訂に当たって

　初版「森林情報学入門」を上梓して早くも6年が経ちました。その間多くの方に読んでいただき感謝しています。そして森林地域の情報技術の活用が進みました。GIS、GPS、リモートセンシングのデータ、空中写真のデータの活用、インターネットによる情報発信や活用などです。若い技術者によって進められています。

　本書の目指している基本についてはあまり変化がありません。技術改良が進み使いやすくなった分、学習が難しくなっています。初心者にとっての入門書という本書のニーズは無くなるというより必要になっています。学生のパソコンの活用ではインターネットによる情報検索が主であり、ワープロや表計算ソフトの活用は少なくなっていることもその現状を表しています。

　ここ数年、各技術が森林地域の仕事に定着してきました。その状況を反映させるよう改訂を行いました。しかし入門書としての目的である「基本技術を理解すること」を考え、ページ数の増加を少なくするよう改訂作業を行いました。情報技術の活用が森林地域にとってより一層進み、産業の振興に寄与するよう願っています。

2012年春

Ⅰ．森林情報学とは？

1．森林はどこにあるのか？

　みなさん。「森林」を考えてみてください。あなたはどこのどのような森林をイメージしましたか。言葉にして説明してみてください。

　地球上の陸地の約3割は森林と言われています。しかし、地球上の森林は様々な環境下に存在しています。日本の森林、南米アマゾンの森林、シベリアの森林、アジアの森林、等等。森林を対象とする場合この点を常に念頭に置かなければなりません。なぜなら人によって考えていることが異なる可能性が大だからです。

　日本では古来、平地は開墾され農地として使われてきました。そして日本の国土の約3分の1は田畑となりました。現在残りの約3分の2を森林が占めていますが、そこは傾斜地や標高の高い所など農地としての条件が良くないため残されたからと考えられます。したがって、日本の森林は傾斜のある「山岳林」と言われています。

　日本の森林の中でも近年脚光を浴びている「都市近郊林」や「里山」を思いうかべた人もいるでしょう。これらは40年ほど前までは農業と密接な関係がありましたが、現在は化学肥料利用のため不要になり、また燃料もより安全なガスや電気が使われるようになり、「都市近郊林」や「里山」の存在意義は変化しました。しかし、これらは地形も地利も比較的条件の良い所にあります。

　これに対し、標高の高い森林や、過疎化の進んだ山村地域の森林もあります。さらに日本列島は南北に長く、亜熱帯林から温帯林そして寒帯林まで存在し、地域によって樹種も異なります。さらに過去の歴史も異なり、森林経営的条件も千差万別です。

　異質なものをどのようにまとめて扱うかは難問です。森林を対象とする場合逃れられない難条件となっています。日本全国を一律に考えられない理由がここにあります。

　一方、地域の森林のことを最も理解し考えているのは山元（地元）の住民です。しかし、林業技術者の高齢化と減少が問題になっている現在その知識は減

少を余儀なくされ、さらに災害箇所の発見や森林の変化についてなど住民が日々の活動で行っていたモニタリングができなくなっています。この50年間の過疎化現象はその理解者の減少と適切な間伐などの手入れが為されない森林の増加という結果をもたらしています。

しかし、ITには森林の必要とする作業そのものを行うことはできません。実働は人間や機械が実施しなければできませんが、ITは森林や施業の情報管理を担うことで森林管理を手助けできる可能性が大きく、期待されています。

ところで、森林作業の特徴のひとつとして、「面的広がり」を挙げることができます。立木1本ではなく、森林を面として捉えることで、森林の諸機能を発揮してもらうことができます。もちろん立木1本を見ることも大切です。

コンピュータが人に代わってどのようなことができるでしょうか。次のことを挙げることができます。

　1）**森林のデータ管理**：地図情報を持ったデータベースである森林GISが森林データを管理できます。

　2）**モニタリング**：住民の過疎化高齢化により人手をかけないモニタリングが必要ですが、GPSの活用や衛星のリモートセンシングのデータを利用することで、実現できると考えられています。

　3）**インターネットの利用**：都市や他の地域の人々との関わりを持つためにインターネットを活用して情報発信や情報収集を行うことができます。広い地域の人とのコミュニケーションすることが可能となり、これによって住民がひとり問題を抱え込むのではなく孤立しないようにできる可能性があります。

本書では、GIS、GPS、インターネットをはじめ最近開発され利用が始められた技術についても森林での活用を考慮して触れています。また、本書では日本の森林を対象として説明します。もちろんどの技術も世界の森林を対象にすることができますが、応用についてはみなさんの努力に委ねさせていただきます。参考になる良い本が作られています。

２．コンピュータが扱うDataの種類

コンピュータの基礎知識については、既にみなさんが修得していることを前提に話を進めていきます。ワープロ、表計算ソフト、インターネットなどはレポート作成に日常活用していることでしょう。

ここではコンピュータが扱うDataの種類について簡単に触れておきます。なお、全てのデータはコンピュータ内部ではデジタル化されていますが、人間にとって異なる種類のデータもコンピュータにとってはどれもデジタルデータで同じです。数値データ、文字データ、画像データ、音声データなどがあります。全ての処理をデジタルの演算で行っています。

　1）**数値データ**：コンピュータは「電子計算機」と言われるように計算が得

意です。数値データは整数と実数では内部表現が異なります。また有効桁数が多くなる場合には、別の表現をする場合もあります。扱う数値によっては利用するコンピュータの限界を考慮して数値データの形式を指定する場合もあります。

　２）**文字データ**：文字データは、みなさんも知っているように文字コードによってデジタルデータ化して表現しています。アルファベットの大文字小文字、数字、記号の一部、そしてカタカナは１バイトのデータです。また、日本語のひらがなや漢字は２バイトの文字データになっています。ワープロソフトを利用するとこのデータを作っていることになります。JIS（日本工業規格）コード表があります。もし、データを文字に再現する場合、使用する文字コード表が異なると文字が異なる文字に化けたり、表示できなくなったりします。

　文字データの処理もパソコン（以下PCと書きます）内部では演算で行っています。たとえば、文字の検索はデジタルデータの引き算で比較し結果が０ならデータが同値ということになります。

　元々文字データは、文字を画像データとして扱うとデータ量が多くなるため節約のために考えられたものです。すでにフロッピーディスク（FD）は過去の保存媒体になってきましたが、FDには１MB（メガバイト）のデータを保存できました。単純に計算してFDには数十万文字のデータが保存でき、これは単行本一冊の内容です。

　３）**画像データ**：画像データとして、写真、絵、地図などを挙げることができます。これは静止画と呼ばれるものです。また、テレビ、VTR、DVDなどの動画もあり、どちらもデジタル化された画像データとしてPCでは扱います。

　画像データはどのようにデジタルデータ化しているのでしょうか。図１－１の写真で説明します。写真の表面を図のようにメッシュで細分化します。このひとつひとつを「セル」と呼びます。セルの色をデータ化することで画像データをつくることができます。この時、メッシュを細かくすればするほど精密な画像データを作ることができます。これを解像度と言いdpi（dot per inch）で表します。この単位はプリンタやデスプレイなどで使われます。例えば、プリンタの性能で2,400dpiと表されます。解像度を上げると画像が鮮明になりますが、データ量は増加します。２倍にすれば２乗の４倍になります。

　10年ほど前に筆者は、森林の写真をスキャナで読み取り画像データとして扱っていましたが、スナップ写真１枚を72dpiでデジタルデータ化すると約300KB（キロバイト）のデータ量となりました。２）に紹介したFD（1MB）では数枚のスナップ写真しか保存できません。文字データに比べると画像データはとても大きなものになります。

　また、筆者の持っているデジタルカメラ（2003年購入）の取扱説明書によると標準の画像精度で撮影すると画像ファイルサイズが約460KBとなっているの

で、前出の1.5倍程度のデータ量となっています。現在PCの処理速度が様々な改良によって速くなっています。画像表示も速くなりましたが、インターネットで文字データの表示の方が画像データより速いと感じたことはみなさんもあるでしょう。データ量を少なくするため、画像圧縮の技術もあります。これについては他の書籍で掘り下げてください。

図1－1　画像データのしくみ
写真などの画像は図のようにメッシュで細分化します。このひとつひとつを「セル」と呼びます。セルの色をデータ化することで画像データをつくることができます。セルはこの図よりももっと小さくします。

　動画については、静止画複数枚を時系列で表示させれば良いことは簡単に理解できます。アナログのTV放送は走査線で表示していますが、PCでの動画表示が速くなり、PC上でもTVの映像を見ることができるようになりました。動画は映画、TV、ゲームが主流ですが、今後応用面が広がることでしょう。
　4）**音声データ**：音声データは、電話に始まりそのデータ伝送の中心となっていました。現在は画像の付属の立場になっています。しかし、その歴史はコンピュータより長く、画像研究などが一段落した時に、利用価値は見直されさらに改良や応用が進むと考えられます。

3．森林に関するデータ

　森林についてのデータはいろいろあります。まず、国有林の「森林調査簿」や民有林の「森林簿」の台帳データがあります。これらを利用する場合には、「国有林基本図」（5000分の１）、「森林計画図」（5000分の１）、「国有林施業管理計画図」（20000分の１）や「民有林森林計画図」（5000分の１）や「森林基

本図」（5000分の１）も一緒に参照します。森林界、林・小班界、法規制区域、林相界、等高線、林道他を示した「地籍図」があります。また、森林簿の台帳の他にも、「施業台帳」、「林家台帳」、「保安林台帳」、「治山施工台帳」、「林道台帳」などがあり、これらにも「植生図」、「土壌図」、「治山計画図」、「林道計画図」、各種の「施業図」や「空中写真」、現地の「記録写真」などの他、野帳データまであります。このように、長い歴史の間に、様々な情報が蓄積され存在しています。また、今後はGPSやデジタルカメラの普及、さらに様々な計器が開発されていくでしょう。

　森林のデータの特徴として、地図などの空間データとそれ以外の非空間データの両者が存在することがあります。森林は面的広がりがあり、場所を特定することも大切ですし、地域の一部としての位置づけも忘れて扱うことはできません。このことを考慮して論を進めましょう。

各章には課題があります。挑戦してみてください。

課題１ あなたはどのような森林に興味がありますか？
また、その森林を対象にどのようにかかわっていきたいと考えていますか？
400字から800字程度にまとめてみましょう。

課題２ 次ページの森林に関するデータ（森林・林業白書から引用）から、どのようなことが判るかレポートしてみましょう。パソコンで表計算ソフトを利用することをお勧めします。
　手順
　１．表を作成します。
　２．表の中からデータを選び、グラフを描いてみます。いくつでも良いです。（この時、どのデータを比較検討するか注意すること。表計算ソフトでは簡単にグラフを描かせることができるので、いろいろ試して見ます。思わぬ発見があったりします。その中でグラフを選びます。）
　３．表とグラフから明確であることを３点以上挙げてください。（ここでは事実として表やグラフから読み取れることを指摘します。）
　４．興味を持った点についてあなたの考えを述べてください。（興味が広がってきたら、他の資料も使って調べてみましょう。）
　５．感想も書いておきましょう。

表 1 − 1　木材需要（供給）量（丸太換算）（森林・林業白書の参考付表および林野庁の www から引用）

（単位：千m³、%）

年	総需要（供給）量	用材	薪炭材	しいたけ原木	用材部門別				用材供給先別		用材自給率(%)
					製材用	パルプ・チップ用	合板用	その他用	国産材	外材	
昭和30 (1955) 年	65,206	45,278	19,928	−	30,295	8,285	2,297	4,401	42,794	2,484	94.5
35 (60)	71,467	56,547	14,920	−	37,789	10,189	3,178	5,391	49,006	7,541	86.7
40 (65)	76,798	70,530	6,268	−	47,084	14,335	5,187	3,924	50,375	20,155	71.4
45 (70)	106,601	102,679	2,348	1,574	62,009	24,887	13,059	2,724	46,241	56,438	45.0
50 (75)	99,303	96,369	1,132	1,802	55,341	27,298	11,173	2,557	34,577	61,792	35.9
55 (80)	112,211	108,964	1,200	2,047	56,713	35,868	12,840	3,543	34,557	74,407	31.7
60 (85)	95,447	92,901	572	1,974	44,539	32,915	11,217	4,230	33,074	59,827	35.6
平成 2 (90) 年	113,242	111,162	517	1,563	53,887	41,344	14,546	1,385	29,369	81,793	26.4
7 (95)	113,698	111,922	721	1,055	50,384	44,922	14,314	2,302	22,916	89,006	20.5
12 (2000)	101,006	99,263	940	803	40,946	42,186	13,825	2,306	18,022	81,241	18.2
17 (05)	87,423	85,857	1,001	565	32,901	37,608	12,586	2,763	17,176	68,681	20.0
18 (06)	88,306	86,791	979	535	33,032	36,907	13,720	3,131	17,617	69,174	20.3
19 (07)	83,879	82,361	976	542	30,455	37,124	11,260	3,522	18,626	63,735	22.6
20 (08)	79,518	77,965	1,005	548	27,152	37,856	10,269	2,688	18,731	59,234	24.0
21 (09)	64,799	63,210	1,047	543	23,513	29,006	8,163	2,528	17,587	45,622	27.8
22 (10)	71,844	70,253	1,099	532	25,379	32,350	9,556	2,968	18,236	52,018	26.0

資料：林野庁「木材需給表」

注1：需要（供給）量は、丸太の需要（供給）量と輸入した製材品、合板、パルプ・チップ等の製品を丸太材積に換算した需要（供給）量とを合計したものである。

注2：その他用は、構造用集成材・加工材・枕木・電柱・くい丸太・足場丸太等である。

注3：用材自給率＝国産材用材供給量÷総用材供給量×100

注4：総計と内訳の計が一致しないのは四捨五入による。

Ⅱ．データベースの必要性

　この章ではデータベースの意義について学習します。表計算ソフト、DBソフト、GISの特徴を考えてみましょう。

１．パソコン（personal computer）とデータベース

　1990年代パソコン（personal computer）はビジネスの世界でも使われ始め、そして十数年が経ち、現在パソコンはコンピュータの代表格になっています。どのような仕事でもIT（情報技術）を有効活用しなければならなくなりました。そこで学生のみなさんはパソコンを文房具として活用する技術を身に付けて将来仕事に生かすことが望ましいのです。

　一般的にビジネスで利用する技術としては、文書作成のためのワープロ、データ解析などができる表計算ソフト、情報収集のためのインターネットの活用術を挙げることができ、これらを最低限使えるようになりたいものです。

　この中で、表計算ソフトはデータベース機能があります。コンピュータ内部ではデータはデジタル化されていますが、これらのデータの保存、検索、活用を容易にできることがデータベースソフトの目的です。

　データベースシステムはパソコン出現以前から発達しています。ビジネスの世界でのITの活用は、データを大容量記憶できて検索できることから飛躍的に拡大しました。銀行や鉄道などの業務を考えると容易に想像でき、現在ではIT無くしては仕事ができない生産基盤技術となっています。大型計算機の発展の中でデータベースシステムは重要な機能でありました。

　また、1980年頃から出現したパソコンの世界でも、表計算ソフトが簡易なデータベースソフトとして開発され発展してきました。開発当初は、その名のとおり表や計算を簡単に行えるソフトウェアとして世に現れましたが、グラフを簡単に描く機能、さらに統計処理等のデータ解析ツールの拡充、プログラミング機能など現在でも進化中です。

２．データベースシステムの意義

　データベースシステム（Database　System：「DB」と呼ぶ）は、コンピュータの歴史でもあります。ハードウェアが高価であった時代にはDB開発の目

的は①効率的な資源活用のためでした。さらに、②入力の無駄を省くことも目的でした。データ入力には人手がかかります。しかも、人間によるデータ入力にはミスする可能性が必ず伴うことから入力を正確に行うためには人件費も含め多くの費用がかかります。特に同じ組織体（企業等）の中で複数の場所でデータを保持すると、重複することで無駄が多くなります。これを回避することで入力の支出（ハードウェア資源や入力に係わるコスト）を減らすことができます。さらに③重複するとエラーも発生する可能性があります。その上、正確に入力されたとしても、複数箇所での入力によってタイミングにずれが生じ、異なるデータを持っている時間が存在します。このような瞬間に検索することで問題を起こす可能性があります。また、データは元々プログラムと一緒になっていました。これを④プログラムから切り離し独立させることで、様々なプログラムから参照し利用することができるように改良した経緯があります。

　さらにDBの機能は、⑤ハードディスクなどの物理的な構造とデータの論理的な構造を管理することで使い易くすることが、初期の機能として大きなものでした。これによって、利用者はハードウェアの構造や大きさの制限を意識せずに利用できるようになりました。さらに、⑥「どのようなデータを持つか？」というデータの整合性の管理も行っています。⑦不正アクセスからの保護も行っています。これはセキュリティの面に関することで、今日的意義が大きくなっています。⑧DBシステムは多くのユーザーが利用する機能をユーティリティソフトとして提供し、その上⑨エンドユーザによって利用し易い言語を提供し、操作性の向上を図ってきました。そして⑩DBは大きくなり、OS（オペレーティングシステム）の一部に位置付けられています。

　このようにさまざまな目的を実現したものが今日のDBですが、DBの最大の目的は「最新の正しいデータを常に利用できるように保存しておくこと」であることと言えましょう。

　半世紀前のコンピュータは、まだ科学技術計算のみに使われている発展途上の機械であったため、価格の大部分をハードウエアが占め、ソフトウェアは付け足し的存在でした。しかし、ITが発展し成熟してきた今日、ソフトウェアは巨大となり、各ユーザはプログラムを新しく作らなくても簡単に利用することができるようになりました。GISのソフトウェアも様々なものができています。

　一方、DBとしてはデータ整備にウェイトを置いて日夜管理し続けなければ前述の目的の使命は果たせません。そのため、システムの導入時も、システムの運用が始まってからも、データ整備の時間と人手と資金が必要となります。ハードウェアは技術が向上しIT産業が盛んになった結果、安価になったのに対し、ソフトウェアやデータ入力の費用が増大しました。これはデータベースに限らずITのシステム全般に見られる傾向です。

３．森林GISとは？

　森林GISとは、森林についての数値、文字、地図などの画像データを保存しているデータベースシステムです。将来は様々な静止画や動画や音声のデータも保持する可能性があります。

　DBは様々なデジタルデータを保存できますが、地図データを持ちこれを解析できる特徴を持ったDBがGIS（Geographic Information System）です。しかも、地図のみでなく、様々なデジタルデータを保持している点が大切であり、認識する必要があります。

　データベースには図２－１に示すように主に４つの機能があります。データの入力、データの保存、処理結果の出力、データの解析です。GISはこれらの機能を使いやすく提供しているソフトウェアです。

　データ入力にはキーボードやマウスの他、スキャナ、デジタイザなどが使われます。スキャナは写真や地図などの画像をデジタルデータにする機能があります。コピー機やファクシミリの画像読み込みと同じ原理で近年よく使われています。デジタイザは地図のポイントを座標として読み込む入力装置です。地図の四隅の座標を指定した上で、地図上のポイントの座標を自動計算し、座標データとして蓄積します。これらは人間の目に見える情報をデジタルデータに変換し入力しますが、既にデジタル化されているデータも取り込むことができるのはもちろんのことです。

　次にデータの保存機能です。取り扱うデータは、地図に示される空間データとそれ以外の非空間データに分けて考えられますが、これらを関連させながら保存し、効率的に管理しています。

　データの解析機能としてGISは、データ検索をはじめ、データを計算して評価するなどの多種の解析機能も提供しています。そして、その処理結果は、平面図や鳥瞰図といった解かり易い図面や動画をディスプレイに表示し、印刷できます。また、一覧表や帳票の形式での表示や印刷もできます。さらにデジタルデータとしての提供も可能です。

課題 今日、世の中にはたくさんのDBが存在します。あなたの情報が入っているデータベースについて考えてみましょう。そして、そのデータはどのように使われていますか。また、どこで管理しているでしょう。どれかひとつのDBについてどのようなシステムになっているのか調べてみましょう。

ヒント：大学では学生の履修届けなどコンピュータで行っています。スポーツ

クラブや自分の行動を考えるとあちこちでITに情報を管理されていることに
気付きます。意識して見つけてみましょう。大小さまざまなDBがあることに
気付いたことでしょう。

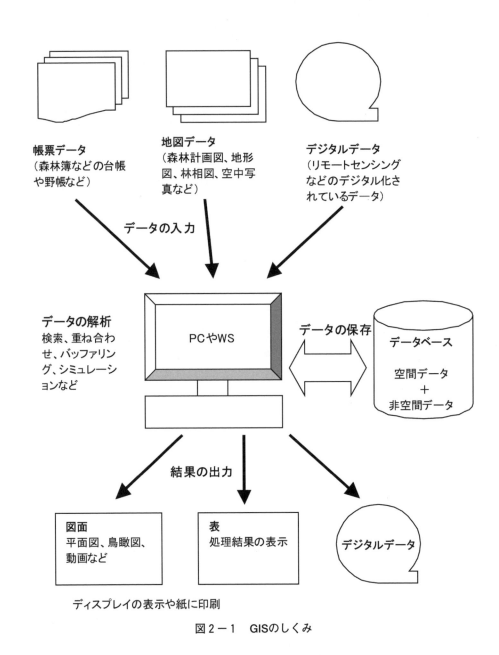

図2-1　GISのしくみ

Ⅲ．森林GISに何ができるか？

　森林GISとは、森林についての数値、文字、地図などのデータをデジタルデータとして保存しているデータベースシステムです。保存するデータとしては静止画像、動画、音声、写真など様々なものに拡張することができます。

　みなさんは、ソフトウェアとしてのGISの使い方に興味があるでしょう。しかし、まず「何に使えるか？」そして「何に使おうか？」を考えてみてください。それが、ソフトウェアを振り回されずに使うコツです。

　GISは地図を持っていることが特徴のひとつです。ここでは、地図のことから考えて見ましょう。

1．地図について

　地図を思い浮かべてください。今までに色々な地図を見てきたことでしょう。森林調査には欠かせない2万5千分の1の地図、5万分の1の地図、世界地図、日本地図、道路図、空中写真、リモートセンシングの画像、絵地図、等等。気をつけてみると身の回りにはたくさんの地図があります。**図3－1**はキャンパスマップです。

　地図には共通の性質があります。

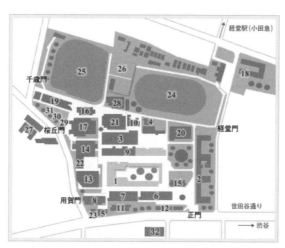

図3－1　2006年の東京農業大学世田谷キャンパスマップ（東京農業大学ウェブページから引用）

①地図には目的があります。

所在地、土地の形、隣接地との境界などの位置関係を示しています。この目的を「主題」と言います。

②見て理解しやすいように地図は色、模様、記号、文字などで記述されています。

③必要な範囲を表示するため、縮尺表示され、紙や布等に描かれています。

④ある時点の状況が表示されています。

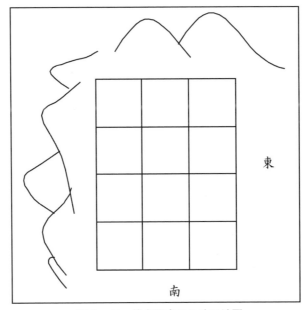

図3－2　律令国家のころの地図
金田章裕著「古地図からみた古代日本」（中公新書）を参考に作図しました。

ここで日本の古い地図を考えてみましょう。現存する最も古い日本の地図は天平7年（735年）作成の興福寺領讃岐国山田郡田図とされています[1]。当時の日本は律令国家で口分田管理に地図が必要でした。**図3－2**は模式図にしたものです。方形の線が記されており、これが田の単位を示していました。山の形は興味深いことに、地上から見える姿で背景のように記されています。当時は人々が地域を上空から見ることはできなかったため、当然の表現方法でしょう。偉人伊能忠敬の業績によって、日本の海岸線が測量され、それによって国土の姿を日本人が見ることができるようになりました。現在社会科で使われる地図帳の地形図と類似の図面は、200年程前に作られたのです。それ以前には日本の地形の姿は鳥でなければ空中から見ることができなかったのです。

前記の①の性質は、地図が目的なしには作られないと言うことです。地図を作成するのには、多くの労力を費やします。測量や調査そして紙面への記述と

多くの手間と時間を要します。正確さを求めるとなおさらです。また、印刷技術が発達する以前には複製も大事だったでしょう。

②は簡略に解かりやすくするため地図記号が作られています。2006年も新たに加わります。表示される内容は時代と共に変わります。④にも関連しますが、特に道路などの建造物は最新版に反映されていなければ迷子になるなど使い物にならない場合があります。地図はどの時点の内容かを明記する必要があると共に、日常の活動では最新版地図が必要です。そのため最新データを反映させる更新も必須です。もちろん過去の様子を知りたい場合には、過去の地図を参照することになります。

③の縮尺は地図によって異なっていましたが、複数の地図を照合する場合に比較を難しくしていました。

その他、地図の管理や使用する上で次のような問題点もありました。

・森林の台帳（森林簿など）と森林図が別物であるために、常にその内容を一致させておかなければならないこと
・地図の保管には広い場所が必要な上、利用するための体系立てた管理がたいへんであったこと

データの更新についてはかなりの労力を払わねばできませんが、デジタルデータに変換して管理することで、楽に行える面も多くなっています。

2．GISの機能とデータモデル

Ⅱで説明しましたが、GISのデータベースの機能としては森林の情報をデジタルデータとして入力、保存、解析、出力の4つの機能に大きく分けることができます。ここでは地図データを中心に考えていきます。GISは、地球上にある物の位置と形状とその他の情報を一緒に管理できるデータベースです。森林のデータを扱うことは、面での広がりを考慮する必要があります。

GISでは地図データのモデルが2種類あります。ベクターモデルとラスターモデルです。これは地図データをデジタルデータにする際の変換の方式を指しています。それぞれのモデルでデジタル化されたデータを各々「ベクターデータ」、「ラスターデータ」と呼び、特徴があります。現在ではベクターデータとラスターデータの相互変換も容易になってきました。したがって、データ収集の状況によりどちらかで保存し、必要があれば変換してデータ処理することができます。

地図は何枚もの層（レイヤとも呼びます）を重ねて構成しますが、ひとつの層はどちらかのモデルになっています。図3－3のように、必要とする複数の種類の地図を選択し重ねることで、目的の地図を表示することができます。データ解析もまた図3－3のように複数の地図を重ねて行います。データ検索、データの統合、重ね合わせ、バッファリング、長さや面積の計測、縮尺などの

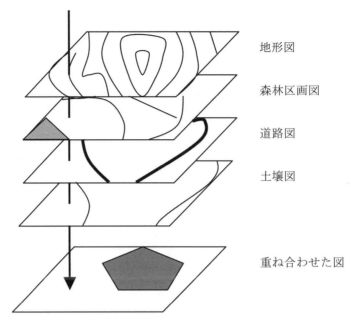

図3－3　重ね合わせによる解析イメージ
地形図などの図を重ね、条件によって重ね合わせた結果を表示できる。

地形図

森林区画図

道路図

土壌図

重ね合わせた図

変換が行えます。また、データ出力機能と併せて、投影図や鳥瞰図、3次元の動画表示など、さまざまな改良が為され、利用されています。

3．GISの導入段階と目的の変化－IT革命－

　GISは一般のソフトウェア同様に段階を追って導入されてきました。GIS誕生からの歴史は30年を超えています。

　IT導入の歴史は次の様に進んでいきます。第1段階では人が行っている仕事をコンピュータに肩代わりさせ、仕事をやり易くすることを目的にします。この段階では人間の仕事の進め方を変更することはあまり考えません。しかし、データのデジタル化に伴い、台帳がDBに変わり、記帳がデータ入力へと変化します。

　森林GISの場合、森林計画図を手間をかけず、より安価に、より早く、より正確に作成することを目的とします。しかし、GISはデータ入力も大変ですし、技術習得にも時間がかかり、早いうちに導入した組織は苦労しました。研究者にとって、この段階は最も興味深い時期です。GISにどのようなことが可能なのか、複雑だが高度な機能を持っているソフトウェアだからこそ利用価値も大きく、夢が広がります。実務者には日常の業務の他に抱え込むことになり、興味はあってもハードな時期になります。

　第2段階はITの存在が大きくなり、人の仕事（ヒューマンウェア）も含め

て改良が進みます。情報（資料や地図）の内容や形式、情報の流れを見直し、再設計します。これがIT革命です。森林管理の方法については、長年台帳と地図のみで情報管理を行ってきましたが、森林調査や施業の現場で情報をデジタル化し、ネットワーク等ITを生かした森林管理の方法を導入することになります。

　次にそれぞれの段階について見てみます。

４．森林データのデジタル化（第1段階）

4.1　データ入力について

　第1段階は森林データのデジタル化です。森林のデータは森林の状態について表現していますが、森林の全てを表現しているわけではありません。今まではできる範囲で、必要な事項を取捨選択して記録してきたと言えます。森林データには「台帳」（森林簿）に記した数値データと文字データと「地図」（森林計画図等）があり、GISでは前者を「非空間データ」、後者を「空間データ」と呼びます。

　森林簿は数値データと文字データで記述されています。これは必要なところからデジタル化が進みました。しかし、森林計画図は5年毎に人手によって作成し直し、森林簿と併せて変更を加えていました。GIS導入によって、非空間データ（森林簿のデータ）と空間データ（地図）をシステム上で関連付けて（リンクさせると言う）保存できるようになりました。

　GISの導入によって森林データの更新作業方法が変わり、上手く使いこなせば、修正作業の軽減、そして修正作業中のミスも少なくする可能性があります。そのためには、予め全ての最新データを記憶させておかねばならず、この点がDB導入の大変なところです。さらに、導入後は修正作業を確実にこなさねばならず、後述するDB運用の難しさがあります。

4.2　DBの利点

　森林データがDB化されると、次の作業を簡単に行うことができます。

①属性情報検索：キーワード等での検索は容易に行えますが、その結果を地図等で解かり易く表すことができます。

②空間情報検索：多種類の地図から条件に合った場所の検索ができます。これが図3－3の重ね合わせ図になります。また、距離などの条件も付けることができます。

③地図の補正：地図の縮尺の変更が可能です。またこの時、縮尺によってどの情報を表示するかなど条件を付加することもできます。表示する範囲の変更もできます。また、球体の地球を平面表示しているため採られた図法や座標系の種類などの変更も可能です。国土地理院ではそれまで採用していた日本

測地系を2002年4月1日に世界測地系に変更しました。それまで採用していた測地系との誤差は最大400m程度ありました。さらにGISは地図などの画像のゆがみ調整もできます。多種類の空間データを保存するために今後もアプリケーションソフトの開発が予想されます。

④**地図管理の体系化**：GIS導入以前は、図面の管理を担当部署で行っていました。市町村でも多種類の図面が担当の課毎に管理されていました。GISの導入によって1ヶ所に集めて管理する体系化が行われ、希望すれば他の部署の人もGISの情報を使った業務遂行が可能になります。

ここで示した個々の日常業務の手助けが進むと、仕事全体の変革を図る段階へと入って行きます。

5．森林管理制度の革新（第2段階）

5.1　システム導入目的の決定

組織全体の仕事の活性化や効率化のために全体の見直し段階に入ります。GISは機能が多く、研究者にとっては面白いソフトウェアです。しかし業務で使う場合、その複雑さのため使いこなすユーザ教育も難しく、実務作業中にエラーも起こります。業務の効率化を図るためにカスタマイズという各組織の業務の実情に合わせた機能特化を行い導入する方法がよく用いられます。

まずGIS導入目的を明確にします。GISに限らず、新システムの開発や導入では目的を明確にできなければ良いシステムすなわち使いやすく利用価値の高いシステムを手に入れることはできません。GIS導入の目的は、組織の持つ対象の規模や様々な条件によって異なってきます。

5.2　地理情報データベースの構築方法

森林管理の場合、森林資源や自然環境、経済環境、社会環境など、対象とする森林の所在地や状況を知ることが大切です。これらの情報を管理できるものがGISです。そこでまず、これらの情報を整理します。この時、GIS導入目的によって体系化を考えることが必要です。

地図も持つことができるDBの基本として次の4つが挙げられます。

①主題地図の体系化

導入するGISの目的によって、必要とする主題地図は異なります。将来は調査方法も変化し、収録内容が変わる可能性があります。したがって将来利用者の拡大を図ることも念頭に置く必要があります。しかし、何でも収録すれば良いというものではありません。地図の情報量はかなり大きいため、不要なものが多くなると管理する手間が無駄になります。設計思想を持つことはGIS維持管理のためにも大切です。**表3－1**は森林地域の主題地図の例です。

表3-1　主題地図の例

対象	主題地図の例
森林資源	森林計画図、森林基本図、所有区分図、林相図、樹種分布図
保護林	保安林図、自然公園図、林木遺伝子保存林図、試験林図、生態系保護地域図、学術保護林図
自然立地条件	地形図、地質図、土壌図、降水量図、積雪量図
動植物	野生動物生息域図、野鳥生息域図、植生図、希少動植物分布図
治山・治水	河川図、湖沼図、火山基本図、ダム位置図、災害図、危険予測図（ハザードマップ）
福利厚生	レクリエーション施設図、文化財等の史跡図
森林作業	人工林図、立地図、林齢図、樹種図、材積成長量図、施業区分図、育林・伐採計画図、林道網図、所有区分図
地域社会	国土基本図、都市（市町村）計画図、土地利用図、道路網図
広域の環境問題	大気汚染物質分布図、酸性雨図

②データの保証

　DBは多くの業務で共同利用します。そのため一部の部署の使い勝手で地図の形式などを決めてしまうと使えない人も出てきます。予め十分に協議して共通の形式にします。そのためには初期段階から関係部署と協力することが必要です。そして、データ更新が順調に行われることも基本です。信頼性のないDBは利用されなくなり、使えなくなります。一度放置されたDBの復旧は最早簡単にはできなくなります。

③データの整合性

　GISは縮尺や座標系などの表示方法の変換は得意ですが、どのレベルで何を表示するなどの決めごとも協議対象になります。データ間で理論的に合わせる整合性も確保します。

④時系列の問題

　地図はある時点の情報を表示していますが、GISのデータは時と共に変化しています。植物の成長は反映されなければいけませんが、その他車道等の建造物も変化します。時間をデータとして持つGISも出てきています。

5.3　カスタマイズ作業

　現在、GISとして多種類のソフトウェアが提供されています。その中から選択して導入することになります。20世紀さいごの頃は自作する場合もありましたが、たくさんのソフトウェアが手に入る時代に余程の事情が無い限り複雑なシステムをわざわざ自作することはないでしょう。付録にも紹介しているようにGISは他の業界でも使用されています。森林に関してもかなりの導入実績が出てきました。ソフトウェア選定に当たっては、今までの実績を参考にして、

GISの導入目的に沿い、しかも将来増加するデータ規模に合うシステムを選択します。

さらにGISは多機能のため、実務にあわせたカスタマイズが必要です。日々の業務で使いやすいように、できることを特化した入力画面の作成や、データ更新がルールに則って遂行できるセキュリティを考えたカスタマイズ等をGISを納入する企業に依頼します。

研究者は自由に応用の利くGISを好みますが、日常のサービス遂行には向きません。

5.4　GISのデータ管理

DBにとってデータが重要です。導入段階の「初期入力の仕事」とDBの運用が始まった後の「データ管理の仕事」の両方共大切です。この点が他のシステム導入と最も異なる特徴です。

①データ管理体制

初期のデータ入力はシステム導入と一貫して進めるため、見落とすことはありませんが、後者のデータ管理の仕事は軽視し勝ちです。データ更新が適切に実施されなければ、直ぐに使えないシステムになります。そのため、サービスが始まり、GIS運用段階になった時のことを予め計画して、データ管理の責任の所在を明確にし、どの部署が行うか「データの管理体制」を決めておきます。実務的には更新手順やチェック方法などの「データ管理の仕組み」を作り、マニュアル化することが重要です。そうすることで、「データの信頼性」確保に近づくことができます。

具体的なデータ更新には、「データの追加」、「データの削除」、「データの内容の更新」があります。これらを間違いなく適宜行うことは地道な作業ですがDB運用の中心作業です。データ更新作業で誤ることはよくあり、そのためのチェックは大切です。

②集中管理と分散管理

データの更新方法として、一定期間分を貯めておき、ある時点で集中的に更新を行うバッチ方式と、データ更新事象が発生した毎に直ちに更新するリアルタイム方式とがあります。ネットワーク化の進んだ現在では後者も容易に行えるようになりましたが、今日的な問題であるデータの改竄などのセキュリティ面も考慮する必要があります。

一方、データ更新には全てシステム管理者が行う集中管理と、データを採取した部署でデータ更新する分散管理の2つの方式があります。システムが小さい時やデータ更新のタイミングが緩やかでよい場合には集中管理が簡単です。しかし、大きなシステムになるとデータの種類も増え分散管理の方が効率的に行える場合が多くなります。その場合には中心的なデータは集中管理し、個々

の部署のみが関係するデータは分散管理する方法に移行していくことが効率的といえます。今日的な話題であるセキュリティ面についても改良が進められています。

③内部運用と外部委託

GISの運用のためには専門的な知識が必要です。業務知識とGISの知識の両方が担当者に要求されます。どの業界でも同様ですが、システムを組織内で運用するかまたは外部委託するかは難しい問題です。

内部運用は、担当者がGISについて詳しくなり、データについても熟知していることから、組織にとって利点が多い方法です。しかし、長年管理することを考えると、新しい技術の習得や情報収集など、資金面でかなり大掛かりになります。一方外部委託は、システムの技術的な信頼性は簡単に得られる反面、パートナー企業としての位置づけになり内部情報を握られる存在になります。

外部運用にも様々なレベルがあり、組織内部の担当者と協力会社の分担も様々です。システムの規模、経費、人員を考え、目的とする成果が得られるところを狙います。協力会社とパートナーとして付き合っていく企業が多くなっています。システム運用は長期間の付き合いになり、システムの規模も単調増加傾向になるため、互いに協力しあう関係を築く事が必要です。

④GISの公開

ハードウェアが低価格になり小型軽量化し処理速度が速くなったことで、ネットワークの利用が容易になりました。しかし、GISデータの中には個人データなど公開できないものや、公開すると悪用される可能性のあるものなど難しいものがあります。技術的には公開できる方向にありますが、各組織体が苦慮する問題です。組織内のみの利用や一部の公開など2012年現在試行錯誤が続いています。

【トピックス】－GISの歴史－

GISは1970年代北アメリカ大陸のカナダやアメリカで、広大な森林や土地の情報を人手によらず管理しようとしたところから生まれてきました。この話は「森林GIS入門」[2]に見ることができます。地図データのデジタル化から始められたが、当初は大型コンピュータを使用し、機能は高度、操作が複雑、費用がかかるなど普及するには多くの問題がありました。どのような技術も10年ぐらい経たないと一般に使えるまでに改良されず、GISもご多分に漏れないものでした。

また、日本のように人口密度の高い国では、モニタリングや情報収集に住民の目が行き届いているため、このような人手をかけない森林調査の方法などの発想が難しいのではないでしょうか。

筆者が初めてGISを見たのは、1980年代半ばで、東京の道路地図のガス・電

気敷設管理図でした。「地下何メータあるいは何センチのところに○○の管が敷設されている」という情報を見たものです。

　1980年代になると汎用のソフトウェアとしてGISの商品化が進み、ハードウェアの高性能化とダウンサイジングによって、GISはワークステーションで利用できるようになりました。さらに1990年代にはパソコンでもGISを使えるようになり、最近では、インターネットを介してデジタル地図を利用し、簡単なGISを作れるまでに発展してきました。

　GISは操作が煩雑で難しいことから、技術者がなかなか増えませんでしたが、最近は使い勝手もやさしくなり、今後はさらに普及すると考えられます。GISはソフトウェアとして高価なものですが、有効活用できるところには適切に利用したいものです。

引用文献
（1）　金田章裕著「古地図からみた古代日本」中公新書1999．
（2）　木平勇吉・西川匡英・田中和博・龍原哲著「森林GIS入門」（社）日本林業技術協会、100pp.、1998．

課題 森林GISには様々な機能があり、実務への導入に当たっては目的を明確にすることが大切です。あなたが仕事で森林GISを利用すると仮定して、どのような「主題地図」が有効であるかを考えて説明してください。

説明内容
　　1．主題地図の名称
　　2．あなたの視点と主題地図の利用目的
　　3．データの内容
　　4．地図の範囲（地域など）
　　5．データの更新について

Ⅳ．GISのしくみ

この章では、GISの基本構造についてお話します。

1．GISの基本機能

Ⅱ章の繰り返しになりますが、GISの基本機能は「データの入力」、「データの保存」、「データの解析」、「処理結果の出力」の4機能で、これはDBとしての機能です。またデータとして、地図に代表される「空間データ」と、文字や数値や写真などの「非空間データ」を管理することができます。

4つの機能は改良や開発が進み複雑になってきています。「データの解析」機能ではアプリケーションソフトの開発が進んでいますが、ここでは基本的なところを説明します。

地図のような空間データをデジタルデータにするデータモデルには、ベクターモデルとラスターモデルの2種類があります。それぞれのモデルから説明しましょう。

2．ベクターモデル

2.1　ベクターモデルとは？

ベクターモデルの基本は「点」と「線」と「面」です（図4－1）。

①まず、点は座標を持ったポイントです。

②点と点を結んで線を引きます。線には長さだけでなく方向を持たせることもできます。ベクトルの概念です。

③いくつかの線で囲って面を作ります。

このようにして定義した点と線と面で実世界の情報をデジタルデータとする方法がベクターモデルです。これは建築や工業デザインの設計ツールであるCAD（Computer Aided Design）から出てきた機能と言えます。

点と線と面はそれぞれオブジェクトとして扱われ、それぞれがさまざまなデータを関連付け（リンク）して持つことができます。具体的には、林分は面のオブジェクトで表し、そして、林種（人工林か天然林か）や樹種や植栽年等のデータを持たせることができます。また、調査データは点に付加することができます。線は、河川や道路を表すことができます。線の場合、方向も情報とし

て持つことができます。

点のデータ

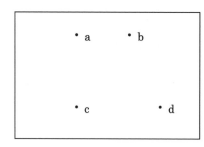

ID	経度	緯度	標高	三角	・・・
a				点等	
b					
c					
d					

線のデータ

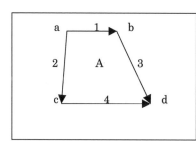

ID	始点	終点	林道名		・・・
1	a	b	○○		
2	a	c			
3	b	d			
4	c	d			

面のデータ

ID	隣接して いる線	小班名	所有者	林種 (人天別)	樹種	植栽年	・・・
A	1,2,3,4,						

図4－1　ベクターモデルの基本は「点」と「線」と「面」

2.2　ベクターデータの解析

　ベクターデータの解析は、主に、「検索」、「統合」、「重ね合わせ」、「バッファリング」、「計測」などがあります。最近はソフトウェアの機能を生かしていろいろな機能が増えています。

　①**検索**：ワープロや表計算ソフトでも行いますが、キーワードの検索作業が行えます。この時、条件文として、「～より大」等の条件も利用できます。そして、伐採可能な林分を検索することができます。例えば、「樹種はスギ」、「林齢40年以上」と検索することで、地図として表示できます（**図4－2**）。

　②**統合**：これは、複数の隣接する面のオブジェクトをひとつの面として示すことができる機能です。これによって、新たな主題地図を作成できます（**図4－2**）。

　③**重ね合わせ**：複数の主題地図から必要とするデータを取り出し、新しい主題地図を作成することを重ね合わせと言います。GISの得意とするデータ解析のひとつです。

　図4－3は点と面のデータを使って、点のデータに面のデータを付加する例

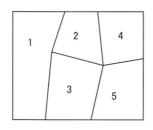

左図の面の属性データ

ID	小班名	林相
1	20-1	スギ人工林
2	20-2	ヒノキ人工林
3	20-3	スギ人工林
4	20-4	ヒノキ人工林
5	20-5	スギ人工林

スギ人工林の検索結果

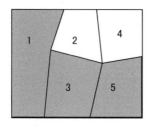

検索結果

ID	小班名	林相
1	20-1	スギ人工林
3	20-3	スギ人工林
5	20-5	スギ人工林

領域の統合の表示

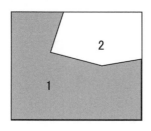

統合してできた新しい面の
属性データ

ID	林相
1	スギ人工林
2	ヒノキ人工林

図4－2　ベクターデータの解析（検索と統合）

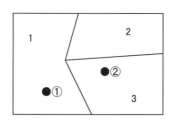

面データ

ID	林相	樹種
1	スギ人工林	スギ
2	ヒノキ人工林	ヒノキ
3	スギ人工林	スギ

現地調査結果に重ね合わせで追加した情報（樹種）

ID	土壌型	・・・	樹種	・・・
①	BD	・・・	スギ	・・・
②	BC	・・・	スギ	・・・

図4－3　点と面の重ね合わせの例

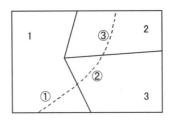

面データ

ID	小班名	所有者
1	25	Aさん
2	26	村有
3	27	Bさん

道路計画線（破線の線データ）に重ねあわせで追加した情報（小班名と所有者）

ID	道路番号	・・・	小班名	所有者	・・・
①	2	・・・	25	Aさん	・・・
②	2		27	Bさん	
③	2	・・・	26	村有	・・・

図4－4　線と面の重ね合わせの例

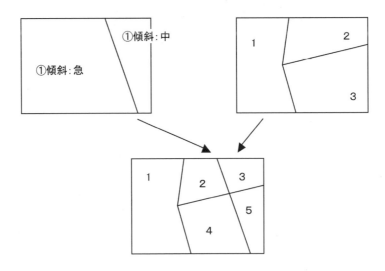

重ね合わせの結果

新ID	小班名	・・・	傾斜	・・・	
1	25	・・・	急	・・・	
2	26	・・・	急	・・・	
3	26	・・・	中	・・・	
4	27	・・・	急	・・・	
5	27	・・・	中	・・・	

図4－5　面と面の重ね合わせの例

です。土壌調査地点（点データ）と樹種図（面データ）を重ね合わせると、土壌調査地点の属性データとして面データの内容を付加することができます。

　図4－4は、道路計画図（線データ）と小班図（面データ）から道路計画のデータに小班の情報を付加したもので、関係者との調整作業に使います。

　図4－5は、面と面の重ね合わせです。面が分割されて面の数は増加します。

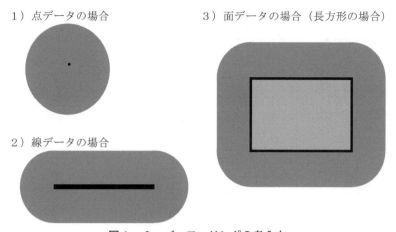

1）点データの場合

2）線データの場合

3）面データの場合（長方形の場合）

図4－6　バッファリングの考え方
点、線、面もそれぞれ一定の距離のバッファゾーン（緩衝領域）が作られます。

森林内の傾斜は作業条件として重要です。また小班のデータから樹種も解かります。

　④バッファリング：ある対象物の周りに緩衝区域を設けて①〜③の解析を行う機能です。緩衝区域は**図4－6**のようになります。たとえば、林道からの距離によって森林地域を利用区分するゾーニングの基礎となるデータを作成できます。また、ハザードマップの作成やマーケティングでの隣接同業種店との距離の調査に利用することや、希少生物の保護区域の設定などに使われます。

　⑤計測：2地点間の距離を地図上で計測できます。また、面の面積や周囲長、新たに引いた線の長さも計算できます。森林面積を計測すると、森林簿のデータ（歴史的に伝えられたもの）と異なることも多く、当初は問題になりましたが、地図の計測データと台帳上の登録データを分けて扱う場合が多くなっています。このように割り切らないと、過去の歴史の重みに押され、新しい技術であるITを生かすことができないのです。

3．ラスターモデル

3.1　ラスターモデルとは？

　ラスターモデルはデジタルカメラの写真画像の考え方と同様です。メッシュデータと呼ばれるものです。**図4－7**のように対象地域を規則的に碁盤目状の格子に分割し、この格子をセルまたはピクセルと呼びます。たとえば標高データの場合はひとつのセルに標高の代表値を与えます。数値によって色付けし、低いところを緑色に高いところを茶色に着色すると地図帳の標高表示と同様の表示ができます。

　ラスターデータは1種類のデータで1つの層を作ります。数値データとして25,000分の1の地図が市販されていますが、これは25,000分の1の地形図を絵

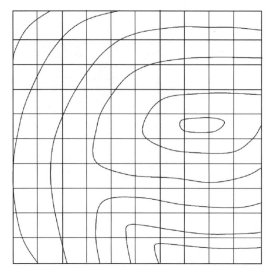
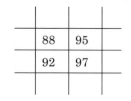

図4－7　ラスターデータと標高データの一部分
　山地の地形図に格子を当てはめ、その格子の中心地の標高などを代表値と決めてラスターデータにします。セルには右のようなデータが入ります。

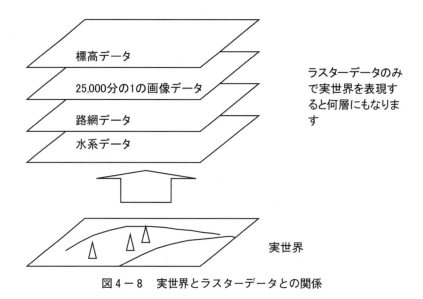

図4－8　実世界とラスターデータとの関係

として捉え、色のデータをラスターデータとして収録しています。

　ラスターモデルでは、ベクターモデルのように他のデータとリンクさせることはできません。そこで、実世界をラスターモデルで表すと、何枚ものデータすなわち層を作ってデータ化することになり、多層構造となります（**図4－8**）。

　ラスターデータはベクターデータに比べ単純な構造をしています。それが長所です。

　ラスターデータは位置を明確にする必要があります。四隅の座標が解かって

いる場合には、どこのデータか明確です。その他、三角点などのデータが複数あり、これを平面に拡張することで層として収録することもできます。

3.2　ラスターデータの解析

　ラスターデータができる主な解析は次のものです。

　①**検索**：条件を設定すると対象となるセルを検索できます。検索結果は地図として表示できます。

　②**重ね合わせ**：複数の層から条件を重ね合わせることで、新たな主題地図を作成できます。たとえば斜面の方角と傾斜についての2枚のラスターデータがあれば、「南向きの斜面で、傾斜が10度以下のところ」を取り出し、新しい主題地図を作成できます。

　③**バッファリング**：ベクターデータと同様に緩衝区域を設けて①②の解析を行うことができます。

　④**計測**：セルの数を数えることで、面積や周囲長を計算できます。

　なお、ベクターデータの統合という概念はありませんが、検索条件を変えることで同様のことができます。

4．データの入力

　GISは現実の世界をデジタルデータ化することで情報を保存します。GISには地図などの空間データと非空間データがありますが、これらをデジタルデータ化するための入力装置にはいろいろあります。GISはデータベースであることから、データの効率的な入力方法が要求されます。しかし、ワープロソフト等に比べてGISはソフトウェア自体が複雑なため、異なるソフトウェア間でのデータの互換性は長い間実現できませんでした。最近では、異なるGISソフト

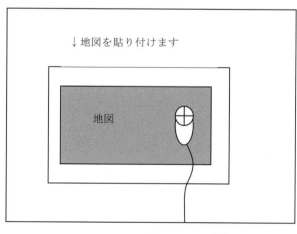

↓地図を貼り付けます

地図

製図用の大きな板状の装置と手で操作するマウスの少し大きな入力装置からできていて、板に貼り付けた図面の四隅の位置を入力することで、板の上での相対的な場所を指定することができます。

図4－9　デジタイザ

間でのデータ互換も一部できるようになり、入力環境は改善されてきています。

入力装置としては主に以下のものを利用しています。

①キーボード：パソコンを利用する時には一般的に利用されますが、非空間データである属性データを入力するのに使われます。

②マウス：パソコンの入力では一般的に利用され操作に使われます。ラスターデータからベクターデータへ手で変換を行う場合にも利用します。また、マウスも進化しています。

③デジタイザ：地図や写真から空間に関する情報をデジタルデータとして入力する機械です（**図4－9**）。デジタイザはCADで利用される入力装置で、製図用の大きな板状の装置と、手で操作するマウスより少し大きな入力装置からできています。板に貼り付けた図面の四隅の位置を入力し、板の上での相対的な場所を指定することができ、精度が高く業務用に使われています。

デジタイザは、ベクターデータの入力に使います。点データの場所を入力し、多くの属性データは後で関連付けします。

④スキャナ：画像データをデジタルデータとして読み取る装置で、コピー機の読み取り装置やFAXでその機能はわかるでしょう。これによって、地図や空中写真をラスターデータとして読み取ることができます。

⑤その他のデジタル画像データ：空中写真のデジタルオルソフォトのデータやリモートセンシングのデータ、他のGISやソフトウェアで作られたデジタルデータもデータとして利用できます。

⑥デジタルカメラ：最近では現地の写真をデジタルカメラで撮影し、データとしてベクターデータにリンクして収録します。GPSを利用することで、位置も確認できるようになりました。

表4－1　データの入力方法と生成されるデータ

入力方法 ＼ データの種類	非空間データ（属性データ）	空間データ	
		ベクターデータ	ラスターデータ
キーボード	○	△	
マウス	○	○	
デジタイザ	△	○	
スキャナ			○
空中写真（デジタルオルソフォト）			○
リモートセンシング			○
GPSを使った調査データ	○	○	
デジタル地図データ	○	○	○
他のGISデータ	○	○	○

⑦音声データ：デジタルデータであれば⑥同様に収録できます。

⑧動画：⑥⑦と同様ベクターデータにリンクさせて収録できます。

　表4－1はデータの入力方法と生成されるデータの種類を表にしたものです。入力装置でデジタル化されたデータはそのまま保存するのではなく、人手をかけて加工するのが一般的です。たとえば、スキャナで読み取ったラスターデータをアプリケーションソフトでベクターデータに加工したり、あるいはマウスで人手によってベクターデータ化したりします。また、デジタイザで入力したベクターデータにキーボードから属性データを入力したり、外部のファイルとリンク（関連付けること）したりします。

5．データの出力

　GISは地図の表示が得意です。しかし、日常業務では一覧表や写真データなどの出力も有用です。最近は現地でノートパソコンのディスプレイ表示も利用されています。ディスプレイの表示では、地図などの静止画像のみならず、3次元グラフィックスによる動画表示が研究され、活用が考えられています。これはコンピュータの速度が速くなったため可能になりました。

　ディスプレイによる表示以外にプリンタがあります。A0版などの大きなプリンタが利用可能になり、大きな地図を見る機会も増えています。その他、プロッタも使われます。プロッタはプリンタより大きな図面が鮮明に印刷できることから、設計の仕事では図面出力装置として使われています。プリンタの図面出力では鮮明な印刷ができなかった頃はプロッタが使われていましたが、現在はプリンタで大きな図面を美しく印刷できるようになり、プリンタが活躍しています。

　地図表示にはいろいろな種類があります。森林以外のGISを含めると現在は3次元の動画の開発が進んでいます。ここでは、静止画の主題地図の中で森林について用いられる種類を見てみましょう。

　①コロプレス図：市町村や小林班などに分かれている領域ごとにデータの値を見やすく示そうとする図です。市町村の統計量（森林面積や森林率等）や小班毎の立木密度などがあります（図4－10）。

　②分類図：地域を機能などの指標によって分類した図で、植生図、土壌図、土地利用図などが挙げられます。コロプレス図との違いは領域を統合してあり、境界線が示されていないことです。

　③等値線図：等高線図に代表される図で、標高の他には、気温や降水量の等値線などがあります。

　④ドットによる分布図や比例大記号による分布図：これらは統計量などの領域内の数値を見やすくするため、円の大きさなど様々な工夫がされています。

　⑤鳥瞰図：日本の森林の場合、山岳林が多いため、上空からの図や見晴台か

らの図、そして、林道からの可視の景色を表示することは平面図に比べて理解しやすくなります。

　⑥立体地図（レリーフマップ）：博物館などでは立体地図やプラスチックなどの材料で作る山の姿を見せる展示物があります。この場合、標高の縮尺は平面方向より大縮尺にするとより立体感が出ます。

　なお、図を表示する場合には、主題地図名、縮尺、年月日（いつの時点のものか？）、場所や表示区域、凡例、方位、作成者（作成組織名）などの情報を明記することは必須です。GISでの地図の出力を業務で行う場合には、GISソフトのカスタマイズ時にこれらの情報の印刷を設定しておくと忘れることはないでしょう。また、市町村界などの境界線や河川などの水系、公道や林道など必要事項の検討も導入時に考えておくべき事柄です。

　ラスターデータの場合は見ただけでは場所の特定が難しいため、道路や水系、ガイドとなる表示を工夫する必要があります。気象衛星の画像の場合、日本列島を明示していないと解からないのと同様です。

　最近必要なデータを入れることで、土砂崩落箇所の土量計算などを行う応用アプリケーションソフトが出てきています。特に災害時の対応については、今後も機能が増加される可能性があります。ユーザインターフェースである出力

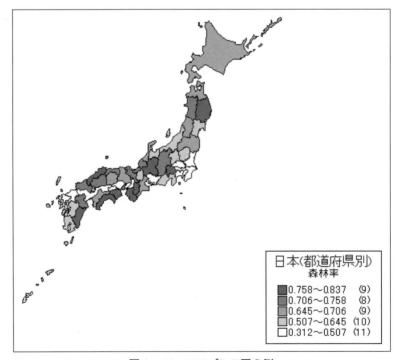

図4－10　コロプレス図の例
　この図は表計算ソフトのEXCELの地図機能を利用して作成しました。森林率を5つのグループに分けて図示したものです。

は今後もわかりやすさへの改良が進むものと考えられます。

6．データベースの構築

　GISを設計する場合、まずデータベース構築の目的を明確にしなければなりません。その上で取り入れる主題地図を決めると、保存するデータが決まります。その時、空間データのうちベクターデータにするものとラスターデータにするものを決め、ベクターデータにリンクする内容も決めます。

　実際にはベクターデータとラスターデータはそれぞれ別の層として保存し、ベクターデータの中でも複数の層、ラスターデータは主題地図の数以上の層を作ります。

6.1　ベクターデータによるデータベース構築

　地域を対象としてGISを利用する場合、市町村界などの行政界と公道、鉄道、河川、湖沼、海岸線、山岳などは基本です。これはベクターデータとして取扱われ、名称などの属性データを持つことが多くなっています。

　属性を持ったベクターデータ作成の流れは**図4－11**のようになります。空間データの中には、デジタル化されたデータが提供されている場合もあります。スキャナーを使ってラスターデータとして読み込んだ場合やラスターデータを読み込んだ場合には、アプリケーションソフトを利用したり、マウスでの手作業をしたりしてベクターデータ化します。そして、デジタイザで入力したベクターデータと一緒に位相構造を構築します。

　位相構造は点、線、面の相互の関連付けをします。ところで、マウスを使って線を引くことを考えてみてください。よく見ると**図4－12**のように線と線が繋がっていない場合や、線に突起状のスパイクが出ていたり、捩れていたりということも良くあります。これを防ぐため、ソフトウエアには親切にチェックしてくれる機能もあります。

　データ量にもよりますが、ここまでの工程でもかなりの工数がかかります。

　次に、入力したものはベクターデータに限らずチェックが必要です。そして修正作業に入りますが、修正は必ず正しく行われるとは限りません。人間の行うことにはミスは必ずあるため、修正後もまたチェックを行い、ミスが見つからなくなるまで修正作業とチェックを繰り返して行います。

　非空間データとの関連付けにはIDと呼ばれる識別子を予め用意します。森林簿のデータの場合、林小班名などを使うことにします。そして、属性データ（非空間データ）と関連付けることを「リンクする」と言いますが、この作業をします。GISの場合、表計算ソフトのMicrosoft ExcelやDBソフトのMicrosoft Accessなどで作成した外部ファイルを読み込み利用できるソフトウエアが多くなっています。

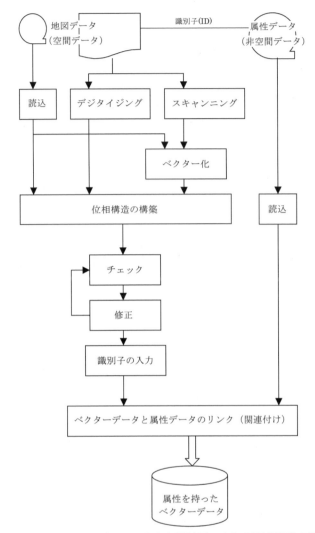

図4−11　ベクターデータの入力と属性データとの関連付けの流れ

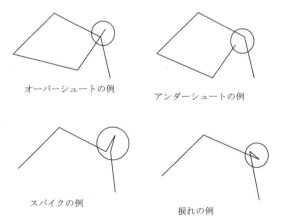

図4−12　ベクターデータの位相構造構築時に起こりやすいエラーの例

その他、写真、文書、図面、音声、動画も関連付けて保存できます。

6.2　ラスターデータの作成

　ラスターデータはセルの集合です。1枚のラスターデータをレイヤ（層）と呼びますが、レイヤの①範囲と②解像度を決めます。範囲は通常南北方向と東西方向の座標で定義します。解像度は分解能とも言い、セルの大きさで表します。例えば10m×15mのように表し、正方形または長方形にします。セルが小さい程そして範囲が大きい程データ量が多くなります。

　ラスターデータは構造が単純です。標高データの場合には中心点の標高を代表値にするなど決めたルールでセルのデータを生成します。図4−13の林分があるとすると、データをコード化しラスターデータを生成します。この時境界部分のセルはルールが必要です。たとえば面積割合の大きな林相をセルの林相としたり、中心点の林相をセルの林相にするなどです。図4−13の(4)のように、ラスターデータの境界はギザギザに表示されることとなります。セルの単位を小さくする（解像度を高くする）ことでこの誤差を小さくできますが、その分データ量が増えます。データの種類や測定精度によって適切な解像度を決めることが大切です。

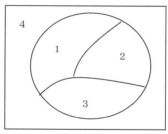

(1)現実の例えば樹種構成
　　1：スギ人工林、2：ヒノキ人工林、
　　3：マツ人工林、4：広葉樹天然林

(2)格子をかぶせてデータを作る

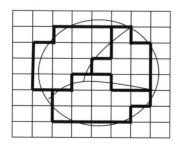

(4)　(3)のデータを図示するとこの
　　ようになり、境界が変わる

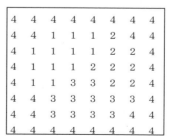

(3)セル1つづつに生成されたラス
　　ターデータ

図4−13　現実世界とラスターデータの生成

7．2種類のデータモデルの比較とアプリケーションソフト

データモデルはそれぞれ特徴があり、GISを使う目的によって使い分けます。**表4－2**はデータモデルを比較したものです。ベクターデータは位置情報を持つオブジェクトであり、ラスターデータは単純な構造のセルのため、その特徴が解析の難易度や速さに影響しています。各モデルの特徴を考えると表の比較は容易に理解できるでしょう。操作性については、GISの改良により、入出力は今後容易になると考えられます。

　ベクターデータは位置座標を持っているため、位相構造の解析には適しています。それに対し、単純なセルで表現しているラスターデータは重ねあわせなどの単純な比較に適しています。各モデルの特徴を生かして利用することが大切です。

　衛星から送られて来るリモートセンシングのデータはラスターデータであるため、リモートセンシングのデータ解析を行うソフトウェアはラスターデータの解析方法の改良を重ねてきました。他方、設計の図面をデジタル化したCADのデータはベクターデータであり、設計分野のソフトウェアはベクターデータの機能や操作性の改良を進めてきました。

　それぞれの流れを汲むGISソフトがありますが、現在では両方のデータを扱うことができます。ソフトウェアによって得意不得意はありますがアプリケーションソフトの開発によって、ベクターデータとラスターデータ間の変換も容易に行えるようになっています。

　その機能実現は人間が行うことをコンピュータにやらせていると考えると、どのようにやるか想像できます。ベクターデータのラスター化はセルのレイヤを作り、数値を読み取ります。ラスターデータのベクターデータ化は大まかな

表4－2　データモデルの特徴の比較

データの種類	ベクターデータ	ラスターデータ
データの表現	位置座標を持つオブジェクト	ひとつの値を持つセル
データ構造	複雑	単純
データ量	少なくできる	多くなる
位置情報	正確	誤差を含む
精度	測量データや基図の縮尺に依存する	解像度に依存する
重ね合わせやバッファリングなどの解析	複雑なため難しい 遅い	単純なため容易にできる 速い
位相構造の検索などの解析	容易にできる 速い	難しい 遅い

ところは自動的にできます。しかし、ラスターデータの誤差を考慮し、位相関係をチェックする作業は自動ではできず人間の目が必要です。

　GISの機能は改良が続けられていますが、複雑なためソフトウェアによって機能が異なり使い勝手も違いがあります。それを理解した上でGISを選択することが大切です。

8．その他のデータモデル

　ベクターモデルとラスターモデルを中心に話を進めて来ましたが、空間データの表現方法として他にも様々な方法が考えられています。パソコンのグラフィック機能の充実で、3次元表示が一般化しています。森林GISでの地形解析機能は重要ですが、デジタル標高モデルも色々考案されています。

　地図で一般的に引かれている等高線は、私たちの目には一本の線に見えますが、地図上では固有名詞や水系や道路などの他の線や図と混然と表示され、必ずしも一本の線ではありません。そのため、初期には標高データとして等高線は敬遠されました。それに代わりラスターデータのデジタル標高モデル（Digital Elevation Model：DEM）が作られてきました。これは国土地理院が25,000分の1の地形図から読み取った標高データをデジタルデータ化したものです。

　また、デジタル地形モデル（Digital Terrain Model：DTM）という語がDEMと同義語として使われていますが、標高以外の地形まで含めて表現される可能性があります。

　ラスターデータは地域に均一な格子を被せるため、データ密度は一定ですが、現実のデータ密度は一定ではありません。標高データの場合、平野部と山頂付近では傾斜も異なります。また、ラスターデータの場合、セルの代表値を収録するため、山の頂上や三角点などのデータがセルの代表値になるとは限りません。DEMの場合、山の高さが表示されない可能性があります。

　三角形不規則網（Triangulated Irregular Network：TIN）は、ベクターモデルの一種ですが、標本点を頂点とする三角形で構成し、標本点の多い地域にはたくさんの標本点データを配し、少ない地域は大きな三角形で被いデータ量を節約しています。

　現在でもその他いろいろなデータモデルが考え出されています。今後も対象物に合わせたモデルが考案されることでしょう。

参考文献
（1）木平勇吉・西川匡英・田中和博・龍原哲著「森林GIS入門」（社）日本林業技術協会、100pp.、1998.

課題　GISの解析機能にはいろいろあります。ベクターデータとラスターデータのそれぞれについて、応用を考えてみてください。

	ベクターデータの場合	ラスターデータの場合
検索		
統合		
重ね合わせ		
バッファリング		
計測		

〔ヒント〕どのようなデータを用意して、どのような目的で、何をさせるか考えてみましょう。

V．森林GISの普及状況と アプリケーションソフトの充実

この章では、森林GISの普及状況と具体例を紹介します。

1．森林GISの普及状況

GISの中でも森林の情報を扱うGISを特に森林GISと呼んでいます。森林の情報は様々な組織が扱っています。そしてGISの規模はその組織の大きさによってまちまちです。まず、森林GISの普及状況から見ていきましょう。

1.1 都道府県への普及と統合型GIS

都道府県のGIS導入状況は2000年を過ぎてから急速に進みました。2002年実施の調査では、GISに関連するシステムを導入および導入に着手していたのは27都道府県と紹介されています。一方総務省のデータによると2004年全都道府県へのGISの導入を果たしました。しかし林野庁の資料では2006年末森林GISの整備状況はこれより少ない9割の42各都道府県と紹介されました。これはGISを森林に関係させるか否かの違いがあるためです。

県レベルの森林GISは面積が広いため、比較的大きなシステムとなります。また、都道府県によって森林の立地条件や置かれている情況が異なるため、森林GISの導入目的も違っています。その条件に合わせてソフトウェアを選択しているものと考えられます。そして導入されたソフトウェアも多様です。

GISを導入するとDBとしてデータが単調増加していきます。そこで中心となる基幹システムとサブシステムに分割して処理を行う統合型GISが出てきました。新しい分野のGISを追加する場合、サブシステムとして構築することで拡張性を高めています。統合型GISは2001年頃から提案された考え方です。これによって活用の拡大にも対応が比較的容易になります。

図5－1は統合型GISのイメージです。各サブシステムのデータ入力、検索・抽出、解析といった処理機能を強化し、様々な機能を発揮するようにソフトウェアが進化しています。サブシステムはそれぞれ機能を持ち、たとえば森林施業システムは要間伐林分の条件を設定すると、条件に合った林分を抽出し、図面付きの施業計画書の形式に作り上げるというような機能を盛り込んでいます。

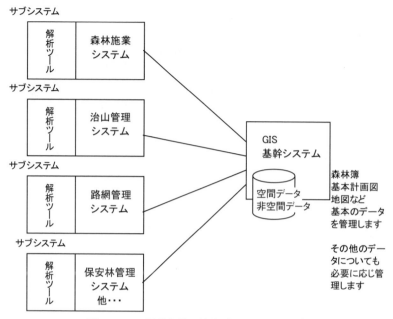

図5-1　都道府県の統合型GISのイメージ

　このように、特化した機能をGISに付加することもカスタマイズの一部であってソフトウェア会社が作成します。カスタマイズによって、業務遂行が効率的にできるようになります。

　サブシステムとしては**図5-1**に示すような森林施業システム、治山管理システム、路網管理システム、保安林管理システムの他に、森林資源管理システム、災害危険地区管理システム等必要に応じて作られ採用されます。さらに空中写真から作成するオルソフォト（Ⅸ章で出てきます）を導入してよりわかりやすくしているシステムが増えています。

　新しいソフトウェアを他より遅く導入すると先例があり参考にできます。特にGIS導入は複雑なソフトウェアであり、早期に導入した都道府県は苦労をしました。システムの更新では早期導入したシステムが改良されることでしょう。

1.2　国有林のGIS
　国有林のGISは旧東京営林局と旧大阪営林局でいち早く導入されました。国有林全体としては、2003年から2005年にかけて統一的に整備が行われました。京都議定書の報告書作成対応がきっかけとなり、森林簿や森林計画図、衛星画像、林分情報などを中心に森林資源の現状把握と統計や分析を目的に構築されています。国有林のデータだけでなく、各都道府県の持っている民有林のデータを変換することでGISへ取り込み日本全体の統計資料を作成できるようになっています。

1.3　市町村のGISの情況

　都道府県が早期にGISを導入したところでは市町村はデジタルデータを扱うことが多くなりGISを利用するようになりました。たとえば新潟県の場合、1994年からと比較的早期にGISを導入しました。県に集められたデータはとりまとめられその後市町村に配布することで、市町村でも早くからGISを利用し地域森林計画作成に利用していました。

　最近、森林に限らず市町村レベルでのGIS導入が急速に進んでいます。その理由は、GISにデータを持つことでデータ検索時間が短縮されサービス向上につながり、残業が少なくなったり余力ができたりと影響が表れています。以前はデータ入力の費用が莫大でしたが、データ整備が進み、一部では効率的に運用することで、以前の仕事のやり方に比べ効率的になったという評価が報告されています。

　さらに、以前は地図などと無縁だった分野にGIS利用が広まって住民サービス向上につながり、GISの利用分野が拡大する傾向にあります。市町村の合併も影響して、今後は森林GISに留まらず、新しい住民サービスに使われるなどさらに発展していくと予想されています。

　市町村の場合には、都道府県より対象範囲が狭いことと、業務内容が異なることからGISのソフトウェアの選択が違います。サービス内容を検討し地域に合ったソフトウェアを採用することが業務改善につながります。

1.4　森林組合

　森林組合は組合員のために、組合所有あるいは依託されている森林の管理や森林作業から販売まで森林に関する仕事をしています。森林組合によって扱う業務が異なります。森林組合は日本の森林管理遅れの危機を救う担い手として期待されています。

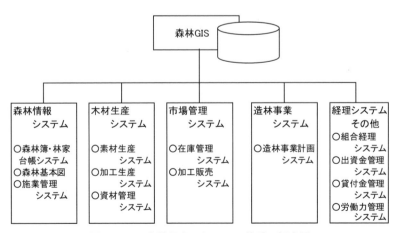

図5－2　森林組合のシステム体系の概念図

　　2010年前後からGIS活用を始めた森林組合が多い中、今後はGISのデータを活用して提案型施業の実施に役立てることが考えられています。森林組合は1,000ha〜数万haの規模の森林を管理し、森林GISの導入目的も明確です。**図5−2**は一例です。

　　市町村の森林GISとは導入目的が異なります。森林作業の実施後、そのデータを活用するために保存し、同じ地域の次回の森林作業のために活用することが望まれます。

1.5　林業会社

　　林業会社においても森林GISの導入が始まっています。積極的な組織が多いため、空中写真や現地調査も充分に活用して森林GISを使いこなしています。

２．応用例

　　GISはDBとしてのデータ検索のみならずシミュレーションも行えるため、研究者は早くから様々な応用を考え研究成果を挙げてきました。ここでは、その内の幾つかを紹介します。

　　詳細は「森林GIS入門」を参照してください。

①木曽ヒノキ林相図（木平・峰松、1995）

　　1980年の林相図を基に、20年間の伐採林分のデータを用いて1960年の林相図を作成し、同様に遡って、1940年、1920年、1900年と林相図を作成することができます。これによって、過去の森林の情況を知ることができるため、今後の施業の参考になると考えられます。

②森林・土地利用図を用いた狭山丘陵の変遷（根岸、1995）

　　土地利用図と空中写真を用いて、1912年、1923年、1946年、1961年、1976年、1992年の変化を追いかけ、この地域の土地利用の変化とその傾向を解析しています。

③森林の機能評価（鄭・南雲、1994）

　　機能評価は、東京大学千葉演習林で行った研究です。木材等生産、水源涵養、山地災害防止、生活環境保全、保健文化の各機能を林齢、樹種、林種、林分構成要因（立木密度など）などからカテゴリー化して評価を与える試みをしています。森林の評価の一例で、解析結果はGISの得意とする地図で見ることができました。

　　今日ハザードマップなどが発表され新聞をにぎわすことがあります。この機能評価と類似の解析を行っています。その場合、どのような条件でどのような場合を想定してシミュレーションしたものかが大切なポイントです。前述の例では要因のカテゴリー化が難しいところです。

④森林風致・レクリエーション（野田ら、1989）

　現在、３次元表示が簡単にできるようになりましたが、この研究は、京都の
東山地区の森林が眺望される被視頻度（どれだけ見られているか）を調査し、
人口で重み付けをして風致機能評価を行ったものです。今日の３次元表示を数
値で評価するとこのような方法になるのでしょう。

⑤地域森林施業計画作成（南雲ら、1993）
　面積平分法を用いてどの林小班から更新するかという施業計画を立てるシミ
ュレーションを行っています。このような研究成果がアプリケーションへと進
化しています。

⑥地形解析
　数値標高モデル（ラスターデータ）を使って、斜面傾斜、斜面方位、起伏量、
表面積、標高階別面積、体積などを測定できます。詳しくは「GIS入門」を参
照してください。さらに太陽光線の傾きを考えると山地斜面の日射量も推定で
きます。

⑦立木１本単位の表示（野堀、2000）
　森林GISとして林小班単位で話を進めてきましたが、細かくデータ入力する
ことにより、立木位置図を森林GISのデータとして採用できます。Forest
Window（野堀、2000）はこれを実現したものです（図５－３）。

図５－３　単木単位の表示例（野堀、2000）

⑧防災
　GISは1990年の雲仙普賢岳の噴火後その地形変化や火砕流による被害状況な
ど多くの情報を示すのに使われました。また、1995年の阪神・淡路大震災の被
害状況の把握においてもGISは使われ有用性が確認されました。
　また、ハザードマップへの応用も期待されています。

⑨等値線の応用
　数値標高モデルから等高線を引ける機能を使い、等値線を引くこともできま
す。筆者も山の微地形を考慮した等温線を引いたことがあります（図５－４）。

⑩その他
　その他、動植物の分布データの蓄積とその生態解析に利用できます。

３．アプリケーションソフトの充実

①３次元動画の活用

　ハードウェアの処理速度が速くなり、３次元の動画を表示することが容易になってきたため、車道から見える景色の表示や、鳥瞰図の表示などさまざまに応用されています。

　森林GISではまだ応用面が見つかりませんが、車の自動運転に活用する考えもあります。将来、森林内で活躍する林業機械への搭載の可能性もあります。

②報告書作成機能

　日常業務の中での地図表示などは印刷形式などを予め用意しておくことで作業効率を高めることができます。森林GIS導入時のカスタマイズの段階で準備しておくと良いでしょう。

③林道設計などの支援アプリケーションソフト

　林道設計作業ではいろいろな設計用ソフトウェアがありますが、GISでも標高データなど必要なものを準備しておくといくつかの候補の路線を提示してくれる機能を持たせることができます。多くの人が同じ機能を使うものについてはアプリケーションソフトとして用意した方が効率的です。このようなツールを使いこなすことによってGIS応用の幅が広がって行きます。

　地域森林計画作成のアプリケーションソフトもありますが、今後有用なアプリケーションソフトがさらに増えて充実していくことでしょう。

参考文献・引用文献

（１）木平勇吉・西川匡英・田中和博・龍原哲著「森林GIS入門」（社）日本林業技術協会、100pp、1998.

（２）加藤正人編著：森林リモートセンシング－基礎から応用まで－、株式会社日本林業調査会、275pp、2004.

（３）財団法人林業土木コンサルタンツ：平成14年度森林環境保全整備事業調査委託「環境配慮及びコスト縮減推進のための林道設計等への最新電子情報技術導入に関する調査報告書」、208pp.,2003

（４）Y. Nobori : Forest Window, 100pp., 2000.

雑誌：森林技術（旧林業技術）、現代林業などGIS関連の記事が掲載されています。

課題　　－森林GIS事例研究－

前の資料の中から手に入るもので事例研究をしてみましょう。

雑誌の場合１年間ぐらいの目次を見るとGIS関連の記事が出ています。特集号もあります。最近の事例を調べ次の点についてレポートしてみましょう。

① どのような目的でGISが構築されているか。

② どのようなデータが入っているか。

③ どのような仕事に使われているか。

④ あなただったらどのようなことに使ってみたいか。

⑤ 住民や担当者にとってそのGISの存在はどのような価値があるのか。

⑥ その他、気付いたことがあったら書き留めておきましょう。

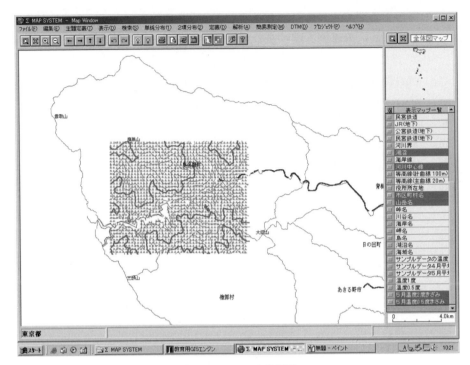

図5－4　GISの表示例

　　GISソフトのシグマップを使った表示例です。東京都北西部の西奥多摩郡奥多摩町には東京農業
大学の奥多摩演習林があり、その付近を表示しています。都道府県境と市町の境界線、水系、JRな
どを表示しています。これはベクターデータです。非空間データの固有名詞は山岳名と市町村名を
表示しています。中央部の四角形の範囲には、温度のラスターデータを貼り付けて表示し、そのデ
ータから等高線作成機能を使って作成した等温線を表示しています。

VI. 森林GIS導入と運用の問題点

　GISはデータベースシステム（DB）であることから、はじめの導入時もサービスが開始された後の運用時も難しい問題点があります。DBはデータ量が多く、データは生きているからです。これを理解して森林GISの構築を行うことで、利用価値の高いシステムを作り運用することができます。この章は学生の立場では難しい問題について学習しますが、アルバイトの経験など社会の情況を考えながら理解してください。

1. コンピュータシステムの開発工程

　森林GISはDBである前に、コンピュータシステムのひとつです。GISに限らず、システム作りにはシステムの稼動開始（カットオーバーと呼ぶ）までに、図6－1のような一連の流れがあります。

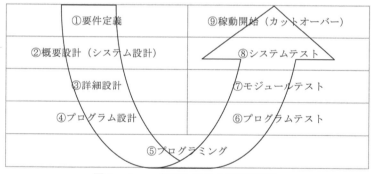

①要件定義	⑨稼動開始（カットオーバー）
②概要設計（システム設計）	⑧システムテスト
③詳細設計	⑦モジュールテスト
④プログラム設計	⑥プログラムテスト
⑤プログラミング	

図6－1　一般のシステム開発の流れ

　①要件定義：システム化にあたっての目的を明確にします。この部分が最も重要です。ここで、できるだけ具体的にシステムの目的を明示できなければ決して使いやすいシステムは手に入りません。難しいから、決められないからと言ってあいまいにすると、使えないシステムしかできません。しっかり仕事の条件に合ったシステムを構築できるように努力しましょう。
　②概要設計：要件を明確にした次は、システム設計とも位置づけられる全体の構成を設計します。外部とのインターフェース（I/O）の設計や、機能をおおまかに分割し、どのようなハードウェア構成、どのような機能を実現するか

を考えソフトウェアを採用するなど、要件を実現するために設計していきます。市販のソフトウェアを選択する場合には、要件と機能を照らし合わせて選択し決定します。新たにシステム開発する場合にはおおまかに機能を分解します。さらに開発計画を立てます。実際には実行に伴って、当初は予想できなかった事柄が表面化したり、アクシデントが起きたりと計画以上の工数（手数）がかかることが多く、それを見越して計画には余裕を持たせておかなければなりません。

　初めてシステム化を行う場合、多くの人には仕事での利用イメージを掴むことは難しいことです。そこで、プロトタイプという小さなシステムを作ると具体的に考えることができて、いろいろな意見を引き出すことができます。機能はまだできていませんが、システムの動きは理解できて、しかも使い勝手のポイントとなるI/Oについて改良をすることができます。さらに、このようなことができると良いなどの意見も引き出すことができます。検討した上で、緊急に必要な機能は追加し、多くは次期システムに延ばすことになります。多くの人の意見を引き出すことで、使い易く利用価値の高いシステムに近づけることができます。

　③大きな新システム開発の場合には、分割した機能ごとにチームに分かれて担当することが多くなります。詳細設計は、機能ごとに分かれて進められ、1つずつのプログラム構成を設計していきます。これは大きなシステムの場合であって、規模によりこの工程を省略し、他の工程で行うこともあります。

　市販のソフトウェアを採用する場合も作業を細分化します。大きくソフトウェアのカスタマイズとデータ入力作業に分かれて、細かな作業計画を立てます。

　④プログラム設計と⑤プログラミングは計画に従って個々のプログラムを設計しプログラミングします。ここではマニュアルやヘルプファイルといった解説書も作成していきます。後で仕様変更（内容を変更することを言う）する場合に備えています。SE（システムエンジニア）の手をいずれは離れるプログラムは必ずマニュアルを必要とします。これは趣味のものや学校での実習のために作るものと異なる点です。

　⑥プログラムテスト、⑦モジュールテスト（いくつかのプログラムをひとまとめにしたモジュールのテスト）、⑧システムテストと工程は進みます。⑥⑦⑧はボトムアップ的に行われる工程で人間の作成するシステムのエラーをひとつずつ潰していく工程です。やればやるほど成果が上がりますが、時間の制約と予算のために削られやすい工程でもあります。そのためテストも計画を立てて実施していきます。世の中のシステムダウンはこのテスト工程をしっかり行うことで防げる場合も多くあります。

　⑨システムの稼動開始（カットオーバー）に進むと順調に行けば良いのですが、予想しなかった条件が判明したりする場合があります。これに対処し順調

にサービスできるようになるまで、小さな変更や改良はあります。

　システムの開発での成果物（作るもの）は動くシステムだけでなく、マニュアルと言われる説明書もあります。どのように操作するのかが書いてあるユーザーズマニュアルは見たことがあるでしょう。その他、どのように作られているのかが書いてある仕様書もあります。これには、トラブルの時や次期システムへ改良する場合に必要な情報が書いてあります。システムを構築する人をSE（システムエンジニア）と呼びますが、SEも自分で設計したものを事細かに憶えていることはできません。また、担当者も代わっていきます。そのため、仕様書は大切な説明書なのです。

　データベースシステムの開発では、システムそのものの開発と並行して初期データの作成作業が必要です。これが重点でもあります。④から⑦の工程と並行して入力作業を進め、⑧のシステムテストではデータベースシステム全体のテストを実施します。

２．システムのライフサイクル

　このようにして、コンピュータのシステムは開発あるいはリプレースされて行きます。通常のシステムは5年程度で新システムに移行されます。これは時間の流れの中で徐々にですがシステムの要件が変わるためです。組織の規模拡大やサービス内容の変更、そして時代の変化に対応したシステムを利用することが、IT時代の必須条件です。もしもひとりゆっくりしていると、同業他社に置いていかれることになります。

　システムのライフサイクルは5年程度です。トラブルの発生について見ると、**図6－2**のように変化します。稼動直後は予想できなかった事象への対応などいろいろなトラブルが起こり、これに対応することでだんだんシステムは安定して行きます。ユーザも上手に使うことができるようになってトラブルも少なくなります。しかし、3～4年経つと使用頻度が多くなったり、使い方が変化してきたりと情況が変わりトラブルが発生します。また、ハードウェアも長年の利用から疲労して壊れる部分が出てきます。

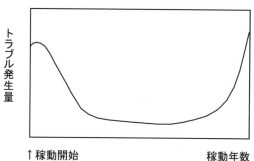

図6－2　トラブル発生量の変化（模式図）

　システムのライフサイクルを考えると、大きなシステムを運用している場合、新システムが安定してくると次期システム開発を始めるというように常にシステム改良を念頭に運用が続けられています。

【トピックス】
　IT化した社会ではシステムのライフサイクルが全ての業界で行われています。1990年代に入り、それまでホビーでしか使われなかったパソコンがビジネスで使われ始めました。それまで多くのオフィスでオフコンが利用されていました。これは大型機と異なり、小型でオフィス程度の空調で使用できる仕様でした。数年が経過すると、1人1台パソコンを使う時代に入りました。これはライフサイクルに従い、オフコンからパソコンへとリプレースされたのです。パソコンの買い替えも同様です。もったいないと感じながらも、機能性や修理する労力や費用や作業効率を考えると、代替わりが進みます。

3．データベースの新規構築

　森林GISの場合には、どのような機能を重視するかによって選択するソフトウェアが変わります。システム開発の流れに従って有効なシステムを作っていくことが重要です。

3.1　システムの目的
　まず、扱う範囲によってデータの量が異なります。全国、県のレベル、市町村のレベル、森林組合などの組織レベルなど考えられます。扱う面積によって必要となるハードウェアやデータ量が自ずとわかります。ライフサイクルを考え、どの位の規模にするのか先ずは予測することから始めます。データとしてあるもの全て収録したくなりますが、どのような目的でDB化するかを見極め、優先度合いの高い順にプライオリティ付けし、システムの目的を明確にします。資金が潤沢にある場合でも、優先順位を付けることをお勧めします。それによって必要なことが明らかになっていくからです。

3.2　関係部署の協力体制
　森林GISの導入に関係するすべての部署の担当者が意見を出し合える組織作りが大切です。積極的な部署と消極的な部署がありますが、緊急度合いと理解度によってまちまちで仕方の無いことです。しかし、利用価値の高いシステムを作るためには全ての関係者の協力が必要です。DB稼動の暁に、参加しなかった部署では「自分には関係ないから」と関心を示さないばかりか利用しようとしない場合もあります。初めは消極的であってもできるだけ参加するように仕向けることが利用価値の高いシステム構築への近道です。

3.3　データの分類と管理体制

　データには様々なものがあります。森林GISの場合、地球上の自然物を対象としていますが、道路などの人造物もデータの対象になります。また、地方公共団体にGISを導入する場合には、森林GISも含め、様々なものが対象となります。地球上の物は不変の物はありません。データの変更は全てのデータで起こります。しかし、国境、県境、海岸線など基本となるデータは**表6－1**に示すように変更可能性が少ないもので、変更はごく稀です。**表6－1**はGISの取り扱うデータの種類の変更可能性を考えた表です。森林や地域に関する書類には地図を添付することで分かりやすくなりますが、GISのデータを「貼り付け」て書類やパンフレットを作成することができます。全組織で扱うデータや参照したいデータは共通ですが、道路図や河川図は人工的に変わります。そのため変更可能性が大きくなります。

表6－1　GISの取り扱うデータの種類と変更可能性

分　類	例	変更頻度小	変更可能性大
基本のデータ	県境、三角点など	◎	－
組織内全てで扱うデータ	市町村界など	◎	－
組織内全てが参照したいデータ	道路図、河川図、	○	◎
特定の部署が扱っているデータ	施設図、サービス	－	◎
進行中のデータ（変化中）	改良中道路や施設、新しいサービス等	－	◎
担当者の個人的なアイディア		－	◎

　GISで扱うデータは参照するだけのものと変更して業務そのもののデータとして扱うものがあり、担当部署によって対象となるデータが異なります。大多数の部署で参照したいデータについてはしっかりした管理体制で臨むことが大切です。しかし、一部の部署でしか変更しないデータについてはその部署で変更を行うようにすると効率的です。2001年頃より「統合型GIS」の考えが出てきました。共通するデータは専門的担当部者が変更を行い、その他の細かなデータは各担当部署で行うというものです。

　地図の参照をはじめデータ検索は日常の業務でのかなりの割合を占めます。GISの導入効果として、地図参照やデータ検索が速くできるようになったことが挙げられますが、次の効果もあります。

　GISを導入する時点ではあまり利用していなかったデータを他の部署で容易に参照できるようになり、業務に生かされる例が出てきました。GIS導入以前には複数の地図を参照することは難しく、大きな紙製の地図を広げての作業は効率的でなかったためです。このように、新たな参照が行われ利用が拡大していくことがGISの大きな導入効果となります。

【トピックス】（導入目的の多様化）

　森林のデータのデジタル化は進んでいます。DBソフトとして使える表計算ソフトはいろいろな業務で使われています。また、地図のデジタルデータ化はスキャナーによるラスターデータ化が簡単になり、写真データや動画のデータも収録できるようになっています。しかし、1990年ごろからIT利用が進んだため、それ以前のデータについては未だ紙ベースで存在しています。

　後述するGPSを使ったデータ収集によって位置情報を持つデータも出てきています。その他、リモートセンシングや空中写真のデータなどの利用も進んでいます。

　他方、林業が盛んだった頃の造林の経験があり知識や技術を持っている人の高齢化が進み、これらの地域情報が忘れられてしまうのではという危惧が言われています。そのため各地でこれらを映像の情報として残そうとビデオ撮影や記録誌作成など行われています。そのDB化もGIS導入の目的になります。

　さらに、間伐遅れなど施業の遅れから、森林データと現実との乖離も問題になっています。森林の生物は生きているからですが、これらのギャップを埋めることも森林GISの目的になり得ます。

　今後は森林GISの目的が今まで以上に広がっていくと考えられます。

3.4　使いやすさの追求

　GISが多くの部署で使われるためには使いやすさも追求しなければなりません。入出力の部分の使いやすさが成功の鍵になります。そのために、プロトタイプと呼ばれる簡易システムで関係者に実体験して貰うことも有効です。

　データ入力のところで紹介しましたが、人間はミスを犯すため、ミスしにくい入力の画面作り、ミスを気付ける工夫、修正を確実に行える工夫が必要です。複数の担当者で行う場合、特に熟練度が要求され、システム利用者の教育を必要とする複雑なシステムでは長続きしません。

　また、見やすさ解かりやすさも重要です。データを利用するユーザにも解かりやすくなければ使ってもらうことはできません。利用者を増やすためにも解かり易さ、操作しやすさを追求することが大切です。

　さらに、印刷にも工夫が必要で、方位の明示、縮尺とスケール、場所、日時、そして操作担当者名、地図の場合には基本となるデータなど決めておくと活用価値の高いGISとなります。

3.5　ユーザ教育

　どのようなシステムでもユーザ教育は大切です。複雑なシステムほどユーザ教育の必要度合が高くなります。ユーザを増やし活用方法を工夫してもらうことはDBを有効活用するだけでなく活用場面拡大につながります。

3.6　マニュアル

　ユーザ教育と共に、マニュアルまたはヘルプファイルを解かりやすく作成しておくことも大切です。導入当初は教育に労力を払いますが、いつまでも初歩的なことで担当者が手を煩わされては効率が悪くなります。分かりやすいマニュアル作成は回り道のようですが、効果があります。

3.7　導入時のデータ

　DBシステムは、データが常に利用できる状態でなければ利用してもらうことはできません。データ入力整備の工数や費用がかなり多くの部分を占めます。政府機関の推進で、市販のデータも利用できるようになってきましたので、これらのデータも有効活用して期限までに整備します。

４．データベースの管理運用

　DBの条件は常に信用できる新しいデータを利用できることです。ここで「最新のデータ」と言わず、「新しいデータ」と言うことには意味があります。もしも最新の正しいデータが入っていればもちろん利用者にとって文句はありません。しかし、常に最新に更新するためには多大の労力が必要で、維持費もかかります。

　学生のみなさんは現場で更新作業を行えば良いのではと考えるでしょう。それは分散型のリアルタイムのデータ更新です。しかし、人間の行う作業にはミスは付き物です。このデータ更新作業を責任を持って行うことこそDB管理作業の難しい問題なのです。管理をする人手を増やせばできないことはありません。しかし無限にお金をかければ良いという事業はないのです。そこで、全ての利用者の許せる範囲で、適正な更新時期を決め、更新作業を行うことが大切です。その場合、利用するデータは何時の時点のものか例えば「3日前」のものと分かっていれば充分に利用できる業務が多いのです。

　重要なデータ管理は作られたルールによって集中的に行うことで、データを的確に修正し信用できる状態に保つことが大切です。そのためには、責任者を明確にした管理体制、データの更新ルールを作り、予算を確保することが必須です。

　3.3のデータの分類と管理体制ですでに説明したように、データの分類を行い集中管理すべきデータと分散管理を行うデータを切り分け、責任体制を作ることこそ大切です。GISが運用開始されると、新たな種類のデータが出現します。今までデータとして扱っていなかったもの例えば希少動物の分布図や観察図などです。ユーザは使っているうちにいろいろなアイディアが浮かんでくるものです。その時の対応も考えておく必要がありますが、データの分類ができていれば、適切に対処できます。

統合型GISの出現によって、GISを利用していなかった部署で新たな業務でのGIS構築を考える場合、機能追加によって新しいGIS導入よりも少ない労力で作成することができるようになりました。すでに導入されているGISによってその難易度は異なりますが、拡張することは可能です。

5．森林GIS導入時の主な問題点

ここまで、GISの導入と運用についての難しさを説明してきましたが、「森林GIS入門」に5つの問題点が提示されています。これについて解説を加えます。

5.1　GISの高い汎用性

「GISの高い汎用性に由来する問題点」があります。GISは様々な機能があり、研究レベルでは色々に使えて興味深いソフトウェアです。しかし、日常業務で利用するには煩雑で難しいため、カスタマイズして機能を目的に合わせて特化し使いやすくします。また、GISのソフトウェアは多種類提供されていますが、違いが大きいため事前に調査を行い、目的に合ったソフトウェアを選択することも重要です。そのため導入担当者はソフトウェアを理解し、ユーザの代表としてソフトウェア会社のSEに要望を伝え有効活用できるGISを提供してもらうために努力しなければなりません。

5.2　GISの地形解析機能

GISにはDBの機能の他、地形解析機能があります。しかし、研究では使われていますが、日常業務ではハザードマップの作成など一部の例に留まっています。日本の森林は山岳林のため、この地形解析機能が大いに役立つと予想されてきました。林道設計等のアプリケーションソフトでは使われ始めていますが、今後さらに有効活用してほしいものです。

5.3　DB導入による仕事の変化

コンピュータによるDBシステムの利用は初めての組織が多く、戸惑うことがあります。これに加え、日常の事務処理などの仕事が変化します。IT革命の波が押し寄せてきたということです。はじめにGISを導入した組織は未知のものへの挑戦でした。現在は、参考になる導入例があるため、調査を行うことで有効なGISを導入できます。さらにDBシステムやインターネットの普及によってITに慣れた人が多くなり、この問題は解消されてきています。

5.4　森林の境界問題

森林をとりまく問題があります。歴史的に測量が行われてこなかったところ

も多く、概略図のみで面積なども概算である場合があります。このような場合にはコンピュータに入力する際、困難を伴います。また、高齢化や不在村地主の増加で現地が解かる人が少なくなっていくことや手入れが為されないことも問題を難しくしています。そこで、GPSを利用した測量が進められています。

5.5　多種多様なソフトウェアの存在

　GISとしていろいろなソフトウェアがあり、機能が複雑であるため選択することが難しくなっています。同じ機能でも操作性が異なり、目的に合ったソフトウェアを選ぶことが有効なGIS導入に必要です。また、GISは複雑なことから、データの互換性の実現がなかなか進まず、一度導入したソフトウェアを使い続けねばならないところがありました。近年少しずつですがソフトウェア間でのデータの互換が可能になってきています。

課題1 学生のレポート作成の工程を考えてみましょう。物づくりは共通する工程を踏みます。
〔ヒント〕Plan－Do－Check－Actionはよく言われます。計画を立て、実行し、評価して、後処理をして次につなげます。また、予備調査、本調査の2段で卒業論文などは作成します。

課題2 森林GISなどの運用にたずさわったことのある人は、そのシステムの管理体制についてデータ更新のルールやチェック、責任体制について考えてみてください。

Ⅶ．GPSの活用

質問に答えてみましょう。

Q1．GPSはどのようなものか解かりますか？

Q2．GPSの原理を知っていますか？

Q3．森林地域で、GPSはどのように使われているでしょうか？

Q4．将来、GPSの技術はどのように使われるでしょうか？

明確に答えられた人は、さっと目を通すだけで良いでしょう。

1．GPSとは？

GPS（Global Positioning System）は、「汎地球測位システム」または「全地球測位システム」と訳され、一般には自動車のナビゲーションシステムとして使われ知られている技術です。GPSは4つ以上のGPS衛星（以下解かり易い場合「衛星」と呼ぶ）の電波を受信することでGPS受信機（同前「GPS」と呼ぶ）の在る位置を知ることができる技術です。

GPSが開発された目的は「自分が今どこにいるのか？」という地球上に暮らしている人間が昔から知りたかった要望に応えることです。このシステムは米国国防総省が計画して地球上空に24の衛星を配して国防のために位置を正確に把握する目的で開発されたものです。（注：軍事用に開発されミサイル等に搭載し使われ、当初一般には精度を落として提供されていましたが、2000年5月一般でも精度を上げて供されるようになった経緯があります。）

海上では昔から航海をするのに苦労していました。昼は沿岸部分では地形を頼りにできますが大海では磁石のみを頼っていました。晴れた夜は星を頼り、そして沿岸では灯台の助けで航海をしていましたが、「安全」に航海することは自分の位置を把握できていることが前提であり、GPSによってどれほど安全性が向上したか理解するのは簡単でしょう。また今日、上空の航空機の運行でも不可欠な技術となっています。

2．GPSの基本原理

GPSは空間での測量技術の応用です。GPS（受信機）と（GPS）衛星との間の距離を使っています。この距離はできるだけ正確でなければならず、ITの

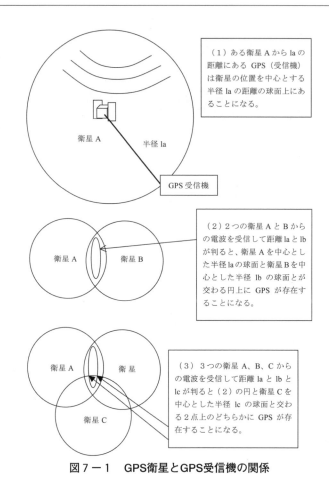

（1）ある衛星Aからlaの距離にあるGPS（受信機）は衛星の位置を中心とする半径laの距離の球面上にあることになる。

（2）2つの衛星AとBからの電波を受信して距離laとlbが判ると、衛星Aを中心とした半径laの球面と衛星Bを中心とした半径lbの球面とが交わる円上にGPSが存在することになる。

（3）3つの衛星A、B、Cからの電波を受信して距離laとlbとlcが判ると（2）の円と衛星Cを中心とした半径lcの球面と交わる2点上のどちらかにGPSが存在することになる。

図7－1　GPS衛星とGPS受信機の関係

発達した現在だから実現した技術です。衛星の軌道は地球上空約2万kmです。

測量学では三角測量の原理で測量を行いますが、GPSは**図7－1**のような空間図形を考えます。

衛星の位置が決まっていると、ある衛星Aからlaの距離にあるGPS（受信機）は衛星の位置を中心とする半径laの距離の球面上にあることになります。2つの衛星AとBからの電波を受信して距離laとlbが判ると、衛星Aを中心とした半径laの球面と衛星Bを中心とした半径lbの球面とが交わる円上にGPSが存在することになります。

さらに3つの衛星A、B、Cからの電波を受信して距離laとlbとlcが判ると先ほどの円と衛星Cを中心とした半径lcの球面と交わる2点上のどちらかにGPSが存在することになります。そして4つの衛星からの電波を受信して4つの衛星からの距離が判明すれば宇宙空間で理論的に1点に絞ることができます。この時、GPS以外の情報である地球面の情報を使えば、3つの衛星からのデータで地球上の1地点と特定することは理論上可能です。

　次に衛星とGPS間の正確な距離を測定することに目を向けましょう。動作原理としては、①衛星から発信した電波情報の到達時間を利用して距離を測定しています。公式「距離＝光の速度×時間」を利用しますが、この計算を行うために②正確な時計が必要です。光の速度は297,600km/秒であり地球に電波の届く時間約100分の６秒を正確に測定しなければなりません。GPS受信機の精度はナノ秒（10^{-9}＝0.000000001）になっています。そして③受信機は予め各衛星の電波の信号コードを知っていて、発信時刻と受信時刻の差で時間を測定します。それに④各衛星がその時刻の宇宙での位置も正確に知り、それと受信機の位置関係を算出しています。どんなに正確な時計と言っても⑤測定には誤差が生じます。電波が電離層や大気圏の中を通って来る間に生じる誤差も考慮しています。

　実際には使える衛星は**図７－２**のように地球上空側にあり、そのため誤差が大きくなる可能性があります。そのため、４つ以上の衛星が見えていることが望ましいことになります。日本上空は欧米に比べ見える衛星数が少なく、21世紀初頭は予めインターネットで衛星の軌道について情報収集し利用する必要がありました。今後国産の衛星が打ち上げられれば、状況も変わると言われています。

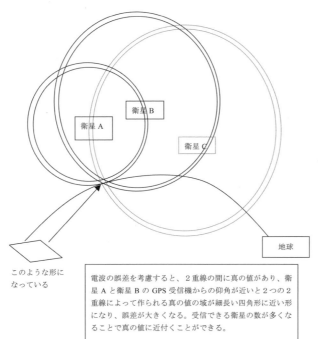

衛星B

衛星A

衛星C

地球

このような形になっている

電波の誤差を考慮すると、２重線の間に真の値があり、衛星Aと衛星BのGPS受信機からの仰角が近いと２つの２重線によって作られる真の値の域が細長い四角形に近い形になり、誤差が大きくなる。受信できる衛星の数が多くなることで真の値に近付くことができる。

図７－２　誤差を考慮した場合

写真７－１　大分県九重に設置されていたGPSアンテナ（2006年7月撮影）

３．精度の向上を図る技術

　森林地域でGPSを利用すると、森林内では樹木が覆いかぶさり、衛星からの電波をキャッチするのに邪魔をします。そのため、比較的伐開されている車道や尾根筋など衛星の見え易い場所を選ぶ必要があります。また、日本上空は衛星が少なく利用したい時間帯を選びますが、ハンディタイプのGPSでは実際50mぐらいの誤差があり、沢を間違えることがあります。

　実際に使われているGPSは、GPSの単独技術だけでなく、他の情報を加えることで精度の向上を図っています。先に紹介した地上の条件を加えると特定しやすくなります。

　このように、単独測位に対し相対測位法と呼ばれる測位法があり、いくつかの種類があります。これは複数のGPSを利用する方法で、既知点に設置した１台のGPSの測定結果と知りたい地点でのGPSの測定結果の相対的な位置関係を利用して測位する方法です。

　ディファレンシャルGPS（DGPS）は、既知点の位置データとGPS測位データとの誤差情報をGPS利用者へ提供し、補正情報として利用する方法です。現在、固定点に設置したGPSの情報が提供されています。この情報を利用することでGPS１台でもDGPSの方法を利用して精度を高めることができます。

　国土地理院はGPSによる連続観測できる基準点として「電子基準点」を設置しています。全国20〜25ｋm間隔で約1,200点あり、地震予知、火山噴火予知などの調査に活用しています（**写真７－１**）。

　海上保安庁は、航行船舶の安全確保のため2006年現在全国27カ所にDGPS局を開設して運用を行っています。測位精度を１m以下になるように補正値とシステムの運用情報などを中波無線標識（ラジオビーコン）の電波で送信し、ほぼ日本全国をカバーしています。

４．GPS活用システムの特徴

　GPSはすでに説明したように４つ以上の衛星の電波を受信することにより測地できる技術です。過去陸上以上に場所の特定が難しかった海上や空中でのGPSの活用は人間の活動へ多大な恩恵を与えました。航空機や船舶での利用が進む中、海上でのGPSの測地データの精度を上げる目的で、海上保安庁はDGPS基準局を開設してきました。

　一方陸上に目を向けると、森林地域では地形の起伏や立木が電波受信の邪魔になり、都市部ではビルが受信妨害の原因となり、精度に問題を含む中での利用となっていました。カーナビゲーションでも車の現在位置が並行する道路に誤って表示されることがありました。そこでGPS技術の実用化では衛星データのみに頼るのではなく、他の情報と複合させることで精度の不足を補ってきました。

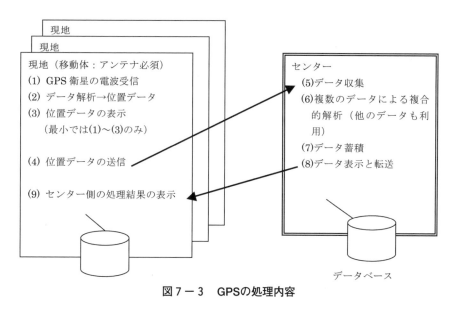

図７－３　GPSの処理内容

図７－３はGPSの処理内容を図示したものです。システムとしてのGPSの機能は、(1)GPS衛星の電波受信、(2)データ解析（場所の特定）、(3)場所の表示という３つに大きく分けることができます。規模の小さなシステムは、あらかじめ用意したデジタルマップデータを利用して表示し、本人がその場所で使うスタンドアロン形式のシステムと言えます。

　最近のカーナビゲーションシステムは表示が分かりやすくなり、音声による誘導や施設の属性データを表示するなど改良が加えられています。これは図7－3の(3)のマン－マシン－インターフェース部分を使いやすくしたものです。この延長には観光データの表示や音声による解説、そして様々な表示方法の工夫による商品開発があります。

　さらにITの普及によって、図7－3の(4)～(9)に示すような大規模なシステムも実現しています。(4)のデータ転送を行い、大量のGPSデータをコンピュータセンターに集め、他のデータと複合的にデータ解析を行い、その結果をリアルタイムに配信するなどです。データ蓄積を行うデータベース機能を働かせることで実現します。これはGISシステムと統合化されることでさらに発展させることができます。例えば、防災情報システムに応用されます。

　GPSの機能をどのように利用していくかという応用面では、GPSアンテナを「誰に持たせるのか？」、「何に搭載するのか？」がひとつの切り口です。時間が経つに連れて精度は向上し、簡易で軽量なハードウェアも提供されるのは他のIT製品と同様です。

5．GPSの活用例

　GPSは地球上で様々な活用ができます。GPSは位置を知りたい人や物がGPS（受信機）を持たなければ測定できないと言う条件があります。この条件を考慮して、2003年に調査した結果を紹介します。応用例を測位する対象物で以下のように分類しました。

5.1　自然災害の予知（地球の観測）

　災害予知に役立てるために地球の変化を測定する実例は多くあります。北海道の有珠山は火山の中でも噴火予想が可能のため2000年の噴火の際ウェブサイトで観測結果の広報を行いました。噴火前は地表の移動をGPSで観測し噴火の可能性を予測し、噴火後は地表の移動量の変化や噴火の動向や関連情報を伝達し、さらに住民や関連組織の情報交換にも利用しました。有珠山以外に十勝岳（北海道）や三宅島（東京都）などでGPSを設置し観測しています。

　また、津波観測のためGPSアンテナを取り付けたブイの活用や地盤沈下の観測など考えられています。

5.2　測量への活用

　現行の測量技術に比べGPSの精度の低さが問題ですが、活用が進められています。三重県「熊野古道」世界遺産登録のための測量にGPSを利用しました。建設分野では長距離測量に導入効果が顕著です。関西国際空港などの海上空港建設や港湾での建設に利用され、さらに無人化施工システムの実用化が進んで

います。

5.3　空と海の移動体

　航空機やヘリコプタ等の空の交通機関や、漁船をはじめ海上輸送のための船舶でのGPSの実用化は進みました。航空機のGPSデータを利用た管制システムに応用し、安全性を高めています。

　海上保安庁灯台部電波標識課ディファレンシャルGPSセンターの情報では、船舶の安全のための精度の高いGPS測位を目指して平成14年10月現在27のDGPS基準局が開設していました。また各県では「沿岸漁業改善資金融資」対象の項目にGPSが挙げられ、GPSと自動操舵装置を組み合わせ漁業への自走操業の技術導入を進めています。これによって漁業技術の変化がもたらされ、乱獲も心配されます。さらに、各県では漁業取締艇などの船舶にGPSを装備しています。

　海上での防犯について、密漁船を追跡しその位置をGPSで確認するという「海上での場所の特定」に使用します。しかし密漁船や密輸船、密入国などの犯罪者側もGPSを利用し手口が巧妙になり防犯が難しくなっています。

　日本各地では災害救助用のヘリコプタにGPSを装備し、位置確認により安全運用をしています。またヘリコプタだけでなく消防車などの緊急車にもGPSを装備し、防災情報システム「総合指令情報システム」構築に役立てています。特に積雪が多い地域でのGPS活用のメリットが指摘されています。2003年以前に広島県ではGPSを装備したヘリコプタが、林野火災の消火活動、救急患者の搬送、捜索・救助活動、災害時情報収集にすでに活躍していました。

5.4　地上の交通機関

　広く市場に流通しているGPSのシステムはデジタルマップと組み合わせた「カーナビゲーション」システムです。この機能はいろいろ応用できます。まず公共交通手段のバスでは路線バスや高速バスの運行管理や、バスの位置を確認し到着時間を表示する「バスナビゲーションサービス」があります。山村での乗降フリーサービスにGPSを利用する構想もあります。

　観光バスではバスガイドの代わりにGPSを利用し適所で情報を流すアイディアがあります。また携帯電話とGPSの組み合わせで観光客の観光ポイントへの誘導と解説を行い観光事業へ応用しています。

　一方、交通事故をエアーバックの作動で通報し、通報時間の短縮を図った欧米の実例や、タクシーなどにGPSを搭載しその情報を集め交通流量をコントロールする道路交通システムがあります。

5.5　農林業への応用

　農業機械の無人の自律走行のための研究が進められています。GPSで機械の位置を認識し自動で作業遂行を目指しています。また自動走行に加え、位置と土壌診断分析や作物収穫量のデータ管理を考えています。

5.6　人間

　GPSが小型化された今日、GPS機能を内蔵させた携帯電話が多くなっています。GPSに加え発信機能を使うことにより、GPSを持つ人間の所在地を遠隔地で知ることができます。子供の防犯対策に利用されていますが、高齢化社会では高齢者の徘徊行動の対策として地方自治体が対象者の家族にGPSを貸し出し、高齢者に所持させて迷子になった折、所在を探す手伝いをするというサービスがあります。

5.7　物

　盗難対策のために乗用車や金庫など盗難対象となる物品にあらかじめGPSを装備し盗難後捜索に活用することができます。

5.8　動物

　動物の行動調査にGPSを利用する例があります。特に森林地域では動物との共生が問題となっていますが、その動態調査や管理にも使われます。また海の動物の動態調査への利用が広がっています。

６．森林地域での応用可能性

　森林地域で行われている調査ではGPSが色々な場面で利用されています。これはコンピュータの軽量化に伴い、GPS（受信機）でも軽量小型化が図られたからです。精度を求めると大きなアンテナを必要としGPSも大きくなりますが、精度に問題があることを考慮することでハンディタイプのGPSも大いに利用可能です。林野庁が実施している森林資源モニタリング調査では同じ場所を５年毎に現地調査しますが、場所の探索にGPSを利用しています。

6.1　森林境界明確化

　日本の森林の問題として森林の境界明確化があります。森林境界が不明なために間伐などの必要な森林作業を行えない原因になっています。また、森林所有者の高齢化により現地に行くことがなくなったり、長年放置したために境界がわからなくなったりと難問になっています。これは隣り合う所有者が合意する必要があり、お互いに納得するために立ち会って杭を設置するなどの了解する作業が中心になります。その時GPSが活用されるようになってきました。

GPSの精度が問題にはなりますが、現場では杭が設置された境界は明確になりポイントデータとしてGISに入力し地図を作成できます。GPSは作業の中心になりませんが、作業の手助けになります。

6.2　モニタリングとしてのGPSの利用と自然災害

森林地域の過疎化に伴い、現地情報は貴重です。森林調査も含め情報データにGPSによる場所の情報を含めることによってGISへのデータ蓄積が可能になりました。デジタルカメラの普及によりGPSデータを付加したデータ記録が今後活用されると考えられています。

森林地域住民の過疎化高齢化により自然災害の人間によるモニタリング機能が以前のように働かなくなりました。災害の現地調査段階でのGPSを活用した情報収集は、早期の総合的対策実施につながる可能性があります。

6.3　森林地域での生活基盤の拡充

森林地域では民家が散在しているため生活基盤としてバスやタクシー等公共の乗り物のGPS利用は有効です。「○○の前」などの土地の目印が場所確定のために大切ですが、GPSを利用することによりその手間を省くと同時に確実な情報伝達ができます。さらにバスの接近情報の表示は森林地域こそ生活のために有効なサービスと考えられます。

また森林地域でのタクシー会社のGPSの導入によってリアルタイムの対応が可能になり、住民には待ち時間短縮などのサービス向上の効果があり、タクシー会社には効率的な仕事遂行による収益増大につながります。これらは森林地域の生活基盤整備のひとつとなります。

6.4　業務用車両や機械への応用

農業機械自律走行は実験段階ですが、林業機械も安全確保のための仕掛けや自動運転、遠隔操作の実現、さらに災害時の通報などGPSは活用範囲が広いと考えられます。

6.5　人間

広い森林地域では人がGPSを携帯することで安全確保に役立ちます。高齢者や子供だけでなく成人であっても、登山者、ハイカー、スキーツアー客等地域に不案内な人や自然に挑む等のリスクが大きい場合はGPSが頼りになります。GPSを携帯することで一度事が起きた時に捜索や救援活動の効率的遂行につながっていきます。特に登山が盛んな地域では登山者のGPS付携帯電話の所持が救急隊にとって大きな力となるでしょう。

また最近多く計画されている森林地域の観光施設では、観光客の誘導やイン

タープリテーション（説明）にも応用できます。

6.6 動植物その他の調査

　森林地域での動植物調査でGPS利用についてはすでに紹介しましたが、調査の効率化が図れることでさらに詳細な内容の調査に挑戦できるようになります。データ解析時にもその効果は大きいでしょう。

　また、GPSを利用した調査研究は森林地域の車道についても行われていますが、日常の公道や林道の利用調査や管理にも応用できるものです。

7．GPSの最後に

　2010年9月日本地域向けに準天頂衛星「みちびき」が打ち上げられました。日本でのGPS活用状況が良い方向へ変わる可能性があります。GPSの精度が向上し、小型化、軽量化そして低価格化が進み、活用分野がますます拡大しています。そしてGISとの複合システムとして進化していくと予想されます。森林地域で活動する人々がGPSを使いやすい有用なツールとするために多くの事例を参照することも大切です。

参考文献
田中万里子：森林地域でのGPS応用可能性調査.森林利用学会誌18-2,109-114,2003.
全国林業改良普及協会編：林業GPS徹底活用術,158pp,2009.
全国林業改良普及協会編：続林業GPS徹底活用術応用編,142pp,2011.

課題 インターネットを利用して現在の次の事項について調べてみましょう。

① 海上保安庁のDGPSのためのラジオビーコンについて
② GPS衛星の運行情況

Ⅷ．リモートセンシングの活用

　この章ではリモートセンシングの概要について紹介します。内容は技術の基本的な考え方と現状と森林モニタリングシステムなどの将来性です。

　詳しい手法については参考文献を読んでください。

１．リモートセンシングとは？

　リモートセンシングとは、もともと遠隔地から対象物を観察する技術を指しますが、ここでは衛星を使った地球上の物体を観測する技術を対象に説明します。空中写真などの技術も広い意味でリモートセンシングです。

　1972年アメリカでLANDSATという人工衛星が打ち上げられ資源探査衛星（地球観測衛星とも呼ばれます）として活用されてきました。資源探査衛星は太陽光が地球上の物体に当たり反射した光や、放射された電磁波などをセンサで捕らえ地上に送信してきます（**図8－1**）。

　そのデータを基にコンピュータで処理・解析を行い画像（ラスターデータ）を作成し、地球の資源を遠隔探査する技術がリモートセンシングです。衛星軌道が地球上空を周期的に巡ることから、広い地域に存在する海洋や森林の情況を帯状に探査し、さらに周期的に観測できることから環境モニタリングにも利用されてきました。ランドサットは2006年現在7号が主力として運用されています。2012年現在、各国でこの種の人工衛星を運営しています。

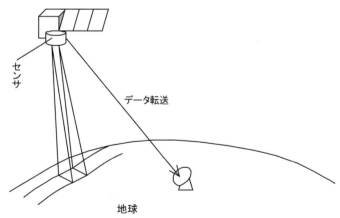

図8－1　リモートセンシングの概念図

【トピックス】

　地球探査衛星の初期のデータは地上分解能が80mと大きいため、1つの画素（ピクセル）が約80m四方となり、当初モニタリングとしては世界でも人口密度の低い地域を対象に利用されました。それまでデータの少なかった南アメリカやアジアなど面積は広大で人口やデータの少ないところが対象となり、アマゾンの森林面積減少などリモートセンシングによってショッキングな話題が提供されました。

　他方、1970年代の日本の森林は、まだ林業経営が盛んな時期であったため森林についてのデータも充分にあり、80m単位のデータでは活用価値が小さいものでした。しかし30年の時間が経ち、日本の森林地域で過疎化が進み、他方リモートセンシングの地上分解能が小さくなったことから、現在は台風被害地の検知などに活用できるようになってきました。

2．衛星の種類

　LANDSAT（ランドサット）の後、1980年代NOAA（アメリカ）、SPOT（フランス）、MOS（日本）が打ち上げられ運用を開始し、1990年代には日本のJERSをはじめ続々と運用を開始しました。

　1999年に高分解能衛星IKONOS（地上分解能1m）の打ち上げによって価値の高い画像が入手できるようになり、その後Quick Birdなどの運用が開始され、中には数十cmの地上分解能のセンサもあり、利用可能となっています。データの値段と地上分解能とは逆相関になっているのはもちろんのことです。

　ランドサットの打ち上げから30年以上が経過して、2006年現在、商用の衛星画像の提供も行われ、利用しやすい環境になりつつあります。しかし、未だデータとしての値段は高く、研究利用から実務利用への過渡期になっています。今後、多くの国と企業がデータ提供するようになると、値段もリーズナブルになって利用しやすい環境になるでしょう。インターネットを利用して画像を見るだけなら無料でできる時代が来ました。しかし、特定場所のデータの提供や細かな条件の設定となるとかなり高額になります。

　日本では宇宙航空研究開発機構をはじめいくつかの組織がリモートセンシングのデータを提供しています。また、今は使われなくなった衛星の過去のデータも提供しています。

3．リモートセンシングのしくみ

　衛星のセンサは太陽光の反射を波長帯ごとに捕らえ、その強度を記録しています。例えば、ランドサットにはMSS（マルチスペクトルスキャナ）とTM（セマティックマッパ）の2つのセンサがあり、TMのデータは7つの波長域で観測しています。各データはGISのラスターデータと類似で、ある面積（80m

四方）の画素についての強度のデータです。TMのデータは7枚のラスターデータに相当します。地上の物体によって波長別太陽光反射率は異なり、植物や水や構造物を区別することができます。さらに細かく分析すると、植物の種類ごとの違いを示す研究成果も出てきています。

リモートセンシングはこれらのデータを解析して、欲しい情報を地図表示します。よく見る衛星画像の図はこの解析結果です。

まず1時点のデータを主成分分析などの方法を用いて分類します。この結果で地域の差を解析し画素を分類します。この時、入手したデータ以外に対象地域についての情報がある場合にはこれを利用して分類作業を行うことができ、これを「教師付き分類」と呼びます。また予備知識無しに分類作業を行うことを「教師無し分類」と呼びます。具体的手法については参考文献に譲ります。

さらに周期的に得られた複数の時点でのデータの解析結果を比較することで、変化の解析ができます。

ただし、衛星と地上の物体の間に雲が在ると地上のデータを観測できません。雲のかかっていない時点のデータを選び、雲の部分を予め除外して解析を行うことになります。また、雲や物体の陰になった部分のデータも考慮する必要があります。

4．1時点のデータ解析例「植生指数」

1時点のデータの中での解析で植生についての情報を示す「植生指数」が考案されてきました。太陽光の反射を波長帯ごとにその強弱をデータとしていますが、植生の場合には近赤外波長帯で高く、赤色波長帯で低い反射率であり、この特性を利用したいくつかの植生指数が提案され、その中のひとつの正規化植生指数NDVI（Normalized Difference Vegetation Index）を紹介します。

$$\text{NDVI} = \frac{\text{近赤外波長帯反射量} - \text{赤色波長帯反射量}}{\text{近赤外波長帯反射量} + \text{赤色波長帯反射量}}$$

NDVIは緑資源が豊かなほど大きな値を取る傾向にあり、植生の活性や量を示す値として使われます。

5．GISでのリモートセンシングデータの活用

リモートセンシングはラスターデータの解析を行っています。しかし、波長帯ごとの強度のデータを理解できるように表示することや、雲部分の除去と雲の陰の処理、さらに撮影時の情況を考慮したデータ解析には専門的知識や技術が必要です（図8－2）。リモートセンシングの技術は簡単に自動化できるものではなく、現在実用化に向けて技術者を育てようとしています。日本森林技術協会では技術者の教育を行っています。

　また、リモートセンシンのデータはそのまま４隅の緯度経度等が判明しても
ラスターデータとしてGISの１つのレイヤ（層）を形成することはできません。
空中写真のところで説明しますが、衛星のセンサの動きを考慮して幾何補正や
地形の補正等を行いGISのラスターデータ化（オルソ化と言います）する必要
があります。オルソ化したデータであれば、場所を特定することによって１つ
のレイヤとしてGISに取り込むことができます。

　また、リモートセンシングのソフトウェアもGISとしての機能を持つように
発展してきました。CADが発展したベクターデータ中心のGISとまた別の機能
から発展してきたGISと言えます。現在ではどちらも機能的には同様のことが
できるように改良されています。

　地上分解能が実用に見合うようになった現在、日本の山村でもリモートセン
シングを利用した森林モニタリング機能の必要性が高まってきています。災害
時のデータを解析し、土砂崩れなどの災害の場所や規模などの解析は研究レベ
ルから実用レベルへの移行が進んでいます。

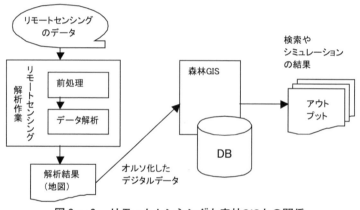

図８－２　リモートセンシングと森林GISとの関係

６．リモートセンシングの活用例

　リモートセンシングの研究成果は現場と照らし合わせて検証し利用していま
す。災害箇所については現地調査を行うための基礎資料として利用し、環境モ
ニタリングの役割をリモートセンシングは担っています。「教師付き分類」の
ように、他の情報と合わせて利用することで、データを生かすことができます。

　森林分野のリモートセンシングデータの利用例として次のような研究成果が
上がっています。樹種区分、材積や密度や葉面積等の推定による森林資源把握、
伐採照査、病虫害被害の把握、山火事の監視、緑環境の把握（都市や近郊林な
ど）、熱帯林等の動態解析、地図作成にも使われています。たとえば1997年秋
から翌年春にかけてのインドネシアの大規模な森林火災や2004年12月の津波被
害ではリモートセンシングデータが活用されました。新聞等で風倒木被害や噴

火被害などの画像を見たことがあるでしょう。その他、農作物の収穫予測、品質管理にも活用されています。

　森林環境の変化の把握はリモートセンシングの技術の発展で効率良く行えるようになりました。これを森林GISにデータとして取り込むことで、有効に活用できます。リモートセンシングのデータをより安価に活用できればさらに実用化が進むことでしょう。

　次の2編の参考図書はたいへん詳しく実習ができます。また、リモートセンシングの文献リストも出ています。ぜひ学習してください。

参考図書

加藤正人編著：森林リモートセンシング第3版−基礎から応用まで−、株式会社日本林業調査会、444pp.、2010.

露木聡著：リモートセンシング・GISデータ解析実習−入門編−、株式会社日本林業調査会、114pp.、2005.

課題1 インターネットを利用してランドサットのデータを見てみましょう。

（ヒント）KASHMIRというソフトウェアが提供されていて、無料で利用することができます。Web上で鑑賞することもできます。また、宇宙航空研究開発機構でもランドサット衛星などの情報を見ることができます。

課題2 美しい映像を見て、今後どのような使い方ができるか考えてみてください。

（ヒント）学園祭や卒業論文などで可視データとして利用することも良いでしょう。もっと掘り下げて、リモートセンシングのデータ解析を考えると、リモートセンシングのデータの有効活用に発展させることができます。

Ⅸ．空中写真と デジタルオルソフォトの活用

　この章では森林地域を空から観察できる空中写真の原理とデジタルオルソフォトの説明をします。この技術についても詳しくはインターネットや参考書で学習することをお勧めします。

1．空中写真の技術とは？

　測量学などに関係して出てくる空中写真は30年ほど前にすでに実用化されていた技術です。雲の無い晴れた日に航空機などを飛ばし、飛行中に地表面に向けた航空カメラで一定の間隔に撮影した写真のことを空中写真と言います。進行方向に60%以上重なるように撮影し、隣り合う2枚の写真を使って「立体視」することで地上の観察を行います。

　ご存知のように人間には目が2つあることで奥行きを察知しています。片方の目を瞑って遠くの物を見ると自分と離れている距離が解かりません。道路では近づいてくる自動車との距離が解からず危険を伴います。同様に地球の上空から地表を眺めた2枚の地図から奥行きを検知し計算することができるのです。右目の画像と左目の画像を机の上に並べて対象物を数cm離して置くだけで個人差がありますが見ることも可能です。

　空中写真からは様々な情報を読み取ることができます。この技術は森林地域の情報を取得するのに有効です。森林情報学では詳しくは説明しませんが、良い書物があるので学習してください。役に立つ技術です。

2．空中写真の技術の利用

　現在、地形図の作成、地形や土地利用の判読解析、地下の鉱物資源探査、地震予知のための断層探査、地震・洪水・雪崩などの自然災害の被害調査、遺跡調査、土木工事のための微地形の調査等に使われています。

　森林管理の分野では、空中から1本1本見える木々についての樹種の判定をはじめ、誤差は伴いますが樹高（地上と梢端との距離）、本数、疎密度などを計測して、林相や林分材積の推定も行います。最近では崩壊地の土量の推定結果から復旧計画を立てることもあります。リモートセンシングの一種ですが、衛星データに比べて現地がそのまま映像として見える点、利用し易さがありま

す。また、天気を選んで調査することができるため、効率的に撮影することができます。

　空中写真は見て解かり易いことから、現在インターネットで見かけることが多くなりました。空中写真は1950年頃から定期的に撮影され、平野部は国土地理院が撮影して日本地図センターが販売を行い、林野・山岳地域は林野庁と都道府県が撮影し、2012年現在林野庁が販売の仲介をしています。日本地図センターと林野庁のウェブページで情報を見ることができます。

3．空中写真と地図

　図9－1の右図のように、空中写真はそのまま地図にはなりません。レンズを通して見えるものをそのまま撮影した写真は中心投影と言います。高さのある対象物は中心から外へ行くほど長くなります。また、山岳地域の空中写真は傾斜の影響もあり「像のゆがみ」となり、そのまま地図と重ねることはできないのです。地図化するには写真判読を行い作図します。最近ではコンピュータで図化できるようになっています。

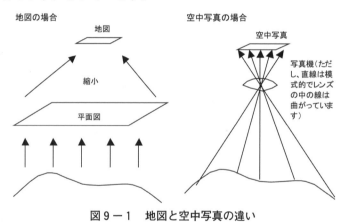

図9－1　地図と空中写真の違い

4．デジタルオルソフォト

　森林GISの利用研究が進む中、空中写真データの利用希望が当然出てきます。この時、中心投影画像を正射写真図（図9－1の左図）へと変換しデジタル化することが必要です。これらの変換をしてできる写真画像をデジタルオルソフォトと呼び、場所の特定ができれば、ラスターデータとしてGISへ簡単に取り込むことができます（図9－2）。

　デジタルオルソフォトはGISに取り込める以前に、地図と重ねることができること、水平距離が測れること、面積の測定ができることなどの利点があります。しかし、立体視の対象でないことは言うまでもありません。

　最近ではデジタルオルソフォトを利用して林相の変化や伐採地や崩壊地の特

定などを簡易に行うこともあります。誤差を考慮すれば充分に利用価値があります。

　1990年代は、デジタルオルソフォト作成の研究が盛んに行われ、現在ではGISの背景写真や地図の背景に使われています。しかし、作成単価は未だ高く、１枚あたり10万円単位の額になっています。他方、リモートセンシングの衛星データも同様で、オルソ化することでデータの価格が1.5倍程度と高価になります。今後のソフトウェアの改良に期待したいところです。

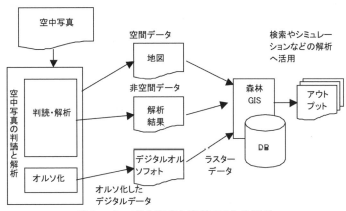

図９－２　空中写真と森林GISとの関係

５．空中写真の技術の学習方法

　日本の空中写真は既に説明した販売先で簡単に入手できます。また、インターネットで閲覧することも可能です。技術として高度に発達している段階にあるので、参考書の完成度も高く、学習しやすくなっています。

　①　インターネットで調査する。
　②　参考書を入手して、学習する。
　③　空中写真を入手して実践してみる。（１枚何千円の単位で購入できます）

　学生のみなさんは、研究室で相談すると画像データが置いてある可能性があります。卒業論文などで利用したものがあるからです。なお、空中写真の入手に当たっては、自分の欲しい場所を的確に選択してください。あらかじめ撮影範囲や飛行コースなどを評定図で確認して写真を選択します。

　次にデジタルオルソフォトについては2006年現在学生の手の届く金額ではないのですが、今後多くの都道府県や市町村がGISを導入し発展していくことを考慮すると、入手し易くなる可能性あります。それを期待しています。そこで、学生のみなさんはこの本を読んだ時点での情報をインターネットで確認することをお勧めします。

　簡単にデジタルオルソフォトが入手できる情況になれば、理論的には３カ所以上の場所を特定することでGISへラスターデータとして、ひとつのレイヤ

（層）として入力し利用することができます。

参考図書
加藤正人編著：森林リモートセンシング第3版－基礎から応用まで－、株式会
　社日本林業調査会、444pp.、2010.
渡辺宏著：新森林航測テキストブック、日本林業技術協会、258pp.、1980.
参考になるウェブページ
・日本森林技術協会
・日本地図センター

課題1 インターネットを利用して、日本地図センターのウェブページの空
中写真を閲覧してみましょう。この時、大学付近など知っている地域を選んで見
てください。
　次に、隣り合う2枚の空中写真を使って立体視をしてみましょう（下図参照）。
（できないときには無理はやめてください。）
　さらに過去の写真とも比較してみましょう。立体視でなくても比較できます。
何が解かるか指摘してみてください。

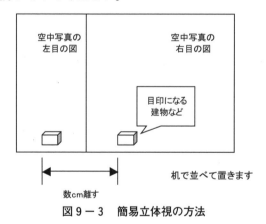

図9－3　簡易立体視の方法

課題2 インターネットでは色々な地域の地図を見ることができます。たと
えば東京農業大学のある小田急線経堂駅付近などです。ウェブページの中には
航空写真と切り替えられるものがあるので地図と航空写真とを見比べてくださ
い。森林地域で2枚が重なっていればオルソフォトということです。

X．レーザプロファイルの活用

　21世紀に入り脚光を浴びている技術にレーザプロファイルがあります。今後森林地域でのモニタリングや計測に大いに役立つと考えられる技術です。この章ではレーザプロファイル技術の紹介と現状、今後の展開予想について説明します。海外ではLiDAR（Light Detection And Ranging）と呼ばれます。

1．レーザプロファイルと航空レーザ測量

　最近の測量ではレーザ距離計が使われています。測量学で学習したことがあるでしょう。この技術にはいろいろな呼び方があるようですが、そのひとつが「レーザプロファイル」です（**図10－1**）。レーザプロファイルの技術を使うと対象物との距離が測定でき、対象物に直接触れずに形状を立体的に把握するのに使われ、小さな物から大きな物まで測定の対象になっています。

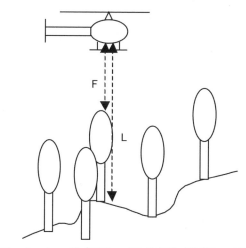

図10－1　レーザプロファイルの応用（航空レーザ測量）

　森林地域では現在「航空レーザ測量」に活用されています。航空機にレーザ測距装置を搭載し、地上に向けて多数のレーザパルスを発射して、地上の物体（構造物や立木や地面）にぶつかり反射して戻ってきたレーザパルスを測定します。この時間を測定して距離に換算します。この時、航空機は「GPS」を利用して位置を明確に知り、「慣性計測装置」で航空機の姿勢や加速度を計りま

す。方向と距離が解かれば対象物の位置が解かり、これらの技術によって航空レーザ測量は実現されています。

　航空機から発射したレーザスポットは点ではなく、円形になっています。計測高度が2000mなら直径約60cmの円形です。この時、１番早く構造物や立木の梢端や葉で戻ってきたパルスが**図10－１のF**でファーストパルスと言います。これによって１番高い物体の表面を結んだ「数値表層モデル」ができます。これは森林の樹冠などの形状を表します。

　また、最後に戻ってきたパルスは地面の可能性がありますが、**図10－１のL**でラストパルスと言います。この情報から「数値標高モデル」を作ることができます。最近国土地理院ではハザードマップなどの作成目的で「数値地図５ｍメッシュ(標高)」を作り始めましたが、この航空レーザ測量を活用しています。

　森林の場合、樹木が密に生育している箇所では地上まで届かないことがあります。ファーストパルスとラストパルスの中間のパルスをアザーパルスと呼びますが、森林地域ではこの比率なども情報になる可能性があります。なお、レーザ光は波が全く無い静水面や青色や黒い部分での反射が難しい性質があります。

　遠隔地からの計測ではその他の情報が有る場合その後の解析に大いに役立ちます。航空機には空中写真も撮影できるようになっており同時に撮影すると、多くの情報を確認することができます。なお、航空レーザ測量の計測は１cm単位で高さの精度は±15cm程度です。

　森林地域でも微地形の情報に近い「数値地図５ｍメッシュ（標高）」を活用したいところですが、2003年からの刊行で2012年現在15地域のみ入手可能です。航空機を飛ばす費用など多額の投資を必要とするためニーズの高い地域からの作成となります。

【トピックス】

　レーザ装置は1960年代に発明され、身近なところでは測量に使われています。当初は対象場所にプリズム（ミラー）を設置するタイプでありましたが、ノンプリズムタイプが活用できるようになって対象物に触れずに遠隔地からの測距が可能になり応用場面が広がりました。応用に当たり、誤差についても考える必要があります。

　2006年７月運用開始された和歌山県那智勝浦町の海上保安本部下里観測所で人工衛星との距離を測る「レーザ測距観測」の新システムでの精度は世界トップクラスで、10^{-9}以下（6000kmに対し誤差４〜６mm）となっています。

　上記の例は地球規模の大きな話ですが、レーザプロファイルの講演と聞き聴講すると、対象物がごく小さいもの（例えば小石）で驚かされたことがありました。新聞記事などの情報を興味深く見ているといろいろ出てきます。

2. 今後の展開

　航空レーザ測量は実用化され、森林についても様々な種類の情報をもたらしてくれると期待できます。

　現在のところ、森林地域では研究段階で、地図作成のみの活用となっています。今後、データが蓄積されて行くにつれて地形の変化や微地形の把握、林道設計など様々な分野での活用が考えられ期待できます。そして、ハザードマップに代表する災害の予知や、被災後の復旧計画のための情報収集などに利用できる可能性があります。森林の台風被害では風倒木が急遽市場に出てきますが、出材量の予測ができれば市場の適切な対応も可能になります。

　森林内にレーザ測距装置を持ち込み、森林内の3次元空間を調査し、立木位置図作成例を見ました。森林施業への応用です。今のところ機材の利用料金の高さからすぐに実用化は無理ですが、今後、空中写真との連携や複合的な活用が予想されます。測樹の方法にも影響があると考えられます。

　ITの発展は目覚ましく、誤差も小さくなっています。そこで、対象物の性質を考慮することを忘れずに技術を導入しなければならなくなっています。特に実務での活用時には気をつけたいものです。

　森林管理の面から考えると、遠隔地から微地形の形状把握が可能なら、土壌や転石、地表支持力、植生などの条件も知りたくなるところで、形以外の情報のニーズも増加します。現場では何を優先させるか当事者の力量が問われることになりそうです。

参考ウェブページ
国土庁

課題 レーザプロファイルの情報をインターネットで確認してみましょう。その時、次のことを考えてみましょう。

①どのような活用、またはどのような情報が森林環境のためになるのかを今の立場で評価してみてください。

②また、今は採用できない使い方も、どのような条件が整えば利用価値が出てくるのか考えてください。

XI. デジタルデータの普及と活用

　ITはデジタル化した情報を効率的に利用する技術です。全ての情報を自分でデジタル化していたのでは効率的ではありません。みんなで共通に利用できる情報を融通し合うことは世の中全体から見て得策です。現在ではいろいろな地図のデジタルデータを入手できます。この章では国土地理院の役割とデータの互換性について説明します。

1. 国土地理院

　2006年現在、国土地理院は国土交通省の特別機関です。1869年（明治2年）民部省地理司戸籍地図掛を起源とした歴史ある組織で、現在は次の役割を担っています。

① 国の発展を支える測量政策の推進

　社会基盤整備の基となる測量体系や公共測量の指導調整、GIS普及のための施策を推進しています。

② 社会基盤となる地理情報の整備

　基準となる位置（一等三角点等）の測量や情報提供、測量・地図作成の研究開発を行っています。

③ 災害対応等に必要な地理情報の把握

　地殻変動の観測、詳細な地形データの整備、災害情況調査と情報提供をしています。

④ 国際社会と連携する測量等の推進

　測量・地図作成の国際的な活動をしています。

　これらの情報をウェブページで公開しています。

　森林地域を歩く時によく利用する5万分の1の地形図（1895年作成開始1924年ほぼ完了）や2万5千分の1の地形図（1910年作成開始戦後1950年再開1983年ほぼ完了）などを作成しています。

　1993年にフロッピーディスクによるデジタルデータ数値地図の刊行が始まりました。パソコンのハードウェアの性能が上がり且つ値段が下がったことで容易に画像データを活用できる環境が整った時期です。1999年には数値地図50mメッシュ（標高）と数値地図25000（地図画像）の全国整備が完了しました。

これらはGISにとってラスターデータとして取り込むことができ、それまでGISユーザはデジタイザでの入力に苦労していましたが、フロッピーディスクやCDからデータを読み込み、一般的な地図情報だけでもディスプレイを見ながらマウスを使って入力できるようになりました。

2003年には「数値地図25000（空間データ基盤)」（ベクターデータ）の全国整備が完了し、さらに「電子国土Webシステム」の運用を開始しています。

一等三角点については、1967年に戦後の改測が完了しています。1989年からはGPS衛星軌道追跡装置の整備を始め、1994年に全国GPS連続観測施設の運用を開始しています。また、2002年にはGPSを利用した電子基準点網の全国整備も完了しました。

国土地理院の地図やデジタル地図データなどを販売する窓口業務を「財団法人日本地図センター」が行っています。

日本地図センターは、様々な分野の地理情報の普及・活用・関連技術の発展のために、国土地理院の地理情報の提供を中心に、各種の地理情報の収集、調査、提供、研究開発、普及活動などを行っています。そして、GISの普及活動も行っているので、ウェブページではGIS関連の情報を見ることができます。地図に関連した図書も参考になります。

2．数値地図

「数値地図」とは、国土地理院が刊行している地図のデジタルデータのことを指しています。日本地図センターで入手できるデジタル地図データには次のものがあります。以下は2012年現在の情報で、パンフレットとウェブページを参考にしています。

後述しますが、GISでこれらのデータが使えるか否かはソフトウェアによって違います。調査してから利用します。

2.1 空間データ基盤

ベクターデータを作成して提供しています。数値地図2500（空間データ基盤)は全国の都市計画区域について行政区域、海岸線、道路線、鉄道・駅、公共建物などの項目が、点、線、面で構成されています。簡易表示用のソフトウェアが添付されているので、簡単に表示切換、拡大・縮小、印刷、図上での計測、属性の照会、簡易検索が行えます。しかし、GISのソフトウェアで利用できるか否かはソフトウェアによって違います。

全国の都市計画図を基にしたデータのため、森林地域については利用できないことも多く、今後の整備が待たれる情況です。

2002年4月、位置の情報を表す形式を日本が採用していた日本測地系から世界共通の世界測地系へ移行しました。最大400m程のずれがあったと言われて

います。そのため、数値地図2500では日本測地系と世界測地系の2種類があります。また、データ形式についても国土地理院独自のフォーマットのもの以外に、地理情報標準第2版に準拠したXML形式を採用し、県毎をシームレスデータにしたものがあります。

　全国版としては、「数値地図25000（空間データ基盤）」があります。これもベクターデータとなるラインデータが収録され、道路中心線、鉄道中心線、河川中心線、水涯線、海岸線、行政界、基準点、地名、公共施設、標高の10項目のデータです。2万5千分の1の地形図に相当する精度を持ち、これらのデータはGISでの利用を想定して提供されています。2003年には全国整備が完了しています。GISで空間データ基盤が利用できると地図としての基本項目のデータ入力が簡単に行えます。

2.2　ラスターデータ

　ここで紹介するデジタルデータはラスターデータとしてGISに取り込むことのできるデジタル画像データです。1枚の地図がそのまま色つきの画像になっていると考えてください。

　「数値地図25000（地図画像）」は2万5千分の1地形図をデジタル化してTIFF形式で254dpi相当の解像度で収録したラスターデータです。色版毎にデータ化しているものは、等高線、道路、川や水面などを色版毎に選択して扱うことも可能です。このデータにも、簡易表示用のソフトウェアが添付されています。また、世界測地系への対応した表示・計測が可能となっています。

　「数値地図50000（地図画像）」は5万分の1地形図を前述の「数値地図25000（地図画像）」と同様デジタル化したものです。

　「数値地図200000（地図画像）」は20万分の1地勢図をデジタル化したもので、全国をCD-ROM3枚に収録しています。

　次に日本の森林は山岳林であるため、よく利用する標高データを紹介します。まず、「数値地図250mメッシュ（標高）」は2万5千分の1地形図の等高線から格子の中心点の標高を計測・計算し求めた数値標高モデル（DEM）です。収録されているデータは標高のみで、ラスターデータとしてGISに収録できます。2万5千分の1地形図の約1cm四方の中心点の標高値を記録しています。標高点の間隔は南北方向で7.5秒、東西方向で11.25秒となり、実距離で約250mとなっています。標高の最小単位は「m」で、10倍した値が入っています。このデータにも、簡易表示用のソフトウェアが添付されています。複数のメッシュデータ（ラスターデータ）の読み込み、印刷、拡大・縮小、経緯度表示、距離計測、面積計算ができます。

　数値地図250m（標高）の利用可能な市販ソフトやオンラインのフリーソフトのカシミール等を利用して、鳥瞰図・展望図等の3DのCG作成、地形の断

面図の作成等にこのデータは利用されています。

　「数値地図250mメッシュ（標高）」は全国を１枚のCD-ROMで収録していますが、このCD-ROMには他に「数値地図１kmメッシュ（標高）」と「数値地図１kmメッシュ（平均標高）」も収録されており、前者は中心点の標高を、後者は中心点の周囲16点の標高値の平均値が算出され収録されています。

　「数値地図50mメッシュ（標高）」も「数値地図250mメッシュ（標高）」と同様にデータを作成し、全国３枚のCD-ROMに収録しています。全国的に利用できる最も細かい標高のデータです。

　「数値地図５mメッシュ（標高）」はレーザプロファイルのところで説明しました。同じ方法で作成した新潟県中越地方の「２mメッシュ標高データ（中越）」があります。

　これらの地図は、測地系の変換などの情報提供を国土地理院のウェブページで行っています。

2.3　その他のデータ

　「数値地図10mメッシュ（火山標高）」は火山基本図から生成したメッシュデータ（標高）で、13火山のラスターデータです。

　「数値地図25000（地名・公共施設）」は2万5千分の１地形図の注記と公共施設のデータベースで代表点の経度緯度座標値と属性が収録されています。

　その他、「数値地図25000（行政界・海岸線）」、「数値地図500万（総合）」、「数値地図25000（土地条件）」、「数値地図5000（土地利用）」があります。今後も基本となるデータは整備されていくものと期待できます。

3．ソフトウェアの種類

　国土地理院では数値地図利用ソフトも作成して販売しています。データに付いている簡易表示ソフトを利用すると、見ることを含めて簡単なことはできます。しかし、複雑なことをしたい場合には、高度な機能を持ったソフトウェアが必要になります。GISもそのひとつです。

　すべてのGISがこれらのデータを読み込み可能ではありません。ソフトウェア作成側でサポートしなければ簡単には読み込むことができないのです。データ形式もいろいろあります。この形式を読み込み使えるようになっているソフトウェアの情報も日本地図センターのウェブページで公表しています。なお、使用しているGISでデータが利用できるか否かについては、GISのソフトウェアを提供する会社のSEに相談すると良いでしょう。

　最近ではGISでなくても簡単な地図上の処理はできるため、地図データをどのように使いたいかを考えてソフトウェアを選択する研究者も多くなっています。

4．GISとデータの互換性

　GISにはいろいろなソフトウェアがあります。複雑なGISはソフトウェアごとにデータ形式が異なり、互換性の実現が難しくなっています。互換性とは、どのソフトウェアで読んでも利用できることを言います。Windowsがオペレーティングシステム（OS）になる以前はパソコンのOSはMS-DOSというソフトウェアの時代がありました。その頃ワープロのファイルもパソコンの機種によって互換性が無くパソコンユーザは不自由をしていました。今では考えられないことです。

　GISを選択する時、規模や目的などの選択するポイントを考え、将来にわたって使えるソフトウェアを選択しなければなりません。しかし、データの互換性が実現されれば、情況の変化に対応してDBを再構築することができます。

　最近、データの無駄や資源の無駄を無くそうという目的で互換性は注目されてきています。今後、標準化が進めば、利用している組織の変化に合わせて使いやすいシステムへの変更が可能になると期待できます。また、GISソフトの標準化の動きも出ています。さらに、「情報のリサイクル」が提案され始めています。情報公開のためには難しい問題もありますが、集めたデータを再利用しようとする考えです。

（注）この章で紹介したデータは日本地図センターのウェブページに購入方法などの情報が出ています。2012年現在、CD-ROMは1枚7,500円になっています。

課題 数値地図を使ってみましょう。

　数値地図が利用できるなら、これに添付されている簡易表示用ソフトでデータの内容を見て、どのようなことに利用できるかを考えください。
　①　数値地図25000
　②　標高データ（メッシュデータ）

　86ページで紹介した電子国土Webシステムについても調べて考えてみましょう。

XII. インターネットの仕組みと現状

　学生のみなさんはインターネットを身近に感じ利用しているでしょう。この章では、インターネットの基本的な仕組みを説明します。そして次章で森林にとってインターネットの有効活用について学習します。この章は基本的な話です。良く理解している人は読み物として考えてください。

1．インターネットの管理者と仕組み

　1995年のWindows95以来インターネットが日本でも普及して15年を過ぎました。ますますインターネット人口が増え、使い方も簡単になってきている反面、様々なトラブルに合う可能性が高まっています。丸い地球の周りをボールの網のようにインターネットのネットワークが包んでいます。このネットワークはだれが管理しているのでしょうか。

　インターネットを使ったことはあっても、考えたことが無い人も多いでしょう。実は、インターネット全体はだれも管理していないのです。そのためいろいろな情報が流れ、悪いことにも使われます。私たちの使っているインターネットは自由である代わりに「何でも有り」の世界なのです。その怖さが解かっていただけたでしょうか。

　インターネットの基本はLANです。LAN（Local Area Network）は企業内、工場内、大学の構内、ビル内など比較的狭い範囲に構築されたネットワークのことです。最近では、個人の家にも構築できます。LANの管理はサーバーと呼ばれるコンピュータが自分のLANの情報をはじめ様々なことを管理しています。LAN同士をTCP/IP（Transmission Control Protocol／Internet Protocol）というプロトコル（通信規約）でつないでインターネットを構築しています。

　プロトコルとは、データ送受信のためのルール（規約）で、TCP/IP以外にもいろいろなプロトコルがあります。身近なところでコンピュータとプリンタ間のデータのやり取りを考えてみてください。データをWORDで作成して印刷すると、プリンタはWORDのデータとして受け取り、文書としてプリントアウトしてくれます。また、EXCELのデータを印刷するとEXCELの電子シートやグラフとして印刷してくれます。他のソフトも同様です。しかし時にはデ

ータの流れがおかしくなる場合があり、その時には文字コードなどがおかしな形で印刷されます。これは、送り手側と受けて側の同期がずれてしまい上手くプロトコルが機能していない状態です。

TCP/IPはインターネット接続のために作られたプロトコルです。1969年アメリカの国防総省高等研究計画局（ARPA）が軍事目的に開発を始め、1973年に公開したもので、公開によって世界中のコンピュータが接続可能となりました。1980年代後半に商業利用に公開され、研究機関や企業や民間団体のLANが次々に接続され普及しました。

日本では、1996年ごろのWindows95の発売によって家庭での利用が拡大し、ネットワークの利用者が増加しました。その後携帯電話でのインターネット接続が可能になり、日本人のインターネット利用人口が飛躍的に増加しました。

学生の場合、インターネットに接続する方法は主に2種類あります。ひとつは大学のLANにつなぐ方法です。現在は情報関係の教室のパソコンはほとんどLANに接続されています。また情報コンセントの設置箇所も多くなりました。それ以上に無線LAN対応のパソコンであれば大学の校舎内で無線LANを利用できる大学が増えています。また、空港や駅やホテルなどの公共の場では公衆無線LANサービスを行っているところも多くなりました。

個人でインターネット接続をする場合には、インターネット接続サービスをしているプロバイダという会社と契約し、プロバイダ経由でインターネットと接続します。プロバイダへの接続方式はダイヤルアップIP接続が良く使われ、これは公衆回線を利用し接続する方法です。この場合、電話料金とプロバイダへの契約料がかかります。サービス競争の結果以前に比較し安価に利用できるようになりました。

ITは今後も新しいサービスが出てくる可能性が高く、接続方式についても同様です。

2．インターネットの主なサービス

インターネットでは管理者がいないことから、様々なサービスが自由に発案されて提供される可能性があり変化しています。基本的なサービスのいくつかについて紹介しましょう。

2.1　WWW（World Wide Web）

WWWはホームページまたはウェブ（Web）ページと言われるハイパーテキストで作成されている情報提供電子文書を言います。世界中のWWWを渡り歩き情報検索できるシステムです。他方ウェブページを作成すると、簡単に情報提供者になれます。

WWWは「ハイパーテキスト構造」を基本としています。これはテキストの

中の言葉をマウスでクリックすると関連した他のページへジャンプして参照できる構造です。また、画像、動画、音声などのデータにも対応できるマルチメディア機能を持っています。

　WWWを検索し参照するためにはブラウザと呼ばれるソフトウェアを使います。また、たくさんの情報の中から効率の良い検索サービスを提供するWWW検索エンジン（サーチ・エンジン）と言われるウェブページのサービスも定着しています。

2.2　電子メール（eメール）

　電子メールは、インターネットを利用して、世界中の相手とインターネットを通してメッセージを交換するシステムです。文字データ以外にもプログラムや画像データなどのファイルを一緒に添付して送受信できます。メールソフト（メーラーとも呼ぶ）で文書を作成し、件名と宛先（相手のメールアドレス）を付けて送信します。メールアドレスは@マークを挟んで左のユーザ名と右のドメイン名から構成され、ドメイン名は組織名、組織種別コード、国別コードを表します。

　電子メールを送信すると相手のメールアドレスのサーバが管理しているメールサーバに届きます。相手がメールサーバに読みに行くと電子メールを受け取ることができ、「届く」ためには2段構造となっており、メールサーバが郵便の私書箱の役割を担っています。郵便物と同様で、差出人と受取人は同じ時間を共有せずに情報を送受信することができます。

　電子メールではメールアドレスを間違えなければメールが世界中に瞬時に届きます。その代わり、メールアドレスが違うと相手に届きません。電子メールは電話と違い私書箱と類似のシステムのため、電子メールの送信者は自分の都合の良い時に相手の情況を考えずに送ることができます。そのため世界中にいる人を時差も考えず相手にすることができます。時間と場所を超越している点が特徴です。

　携帯電話のメールも電子メールと同じように使えますが、携帯電話の場合には音声の代わりに文字情報を送信しているため私書箱に似たタイミングとはなっていません。そのため受信側が携帯電話の場合には、場所は超越していますが時間は超越していない使い方となります。

2.3　ネットニュース

　ネットニュースはインターネットでの電子掲示板システムのことを指します。利用者が情報交換を行うことのできるもので、だれでも投稿し閲覧できるものです。したがって正しい情報や有用な情報だけでなくいろいろな情報が混在していることも前提に利用しなければなりません。

2.4　メーリングリスト

　メーリングリストは、電子メールを複数のユーザの間で交換するシステムです。複数のユーザのメールアドレスを１つのグループとしてメールサーバに登録し一斉に情報を配信することで雑誌などの定期刊行物と同じような役割をします。メーリングリストに登録している人は同時に情報を入手できる訳です。

　メーリングリストにはいろいろなものがあり、私的なグループから組織のグループまであります。企業では製品の説明や新製品の情報を配信し、興味ある人に情報提供をしています。学会や同窓会などでも有効に活用されています。また、病気についての情報交換や子育て支援など様々な目的で人々の生活を支えています。

　グループにはいろいろな性格があり、広く参加者を募るものと限定されるもの、熱く情報交換するものから時々有用な情報を配信するものなどさまざまです。メーリングリストにむやみに参加するとメールをたくさん受信してしまい、情報過多に陥り情報に振り回されることがあります。

2.5　telnet

　インターネットを通し大型のコンピュータなどに遠隔地から操作することができます。それを実現しているプロトコルをtelnetと言います。ユーザは使用するコンピュータのユーザIDやパスワードを必要とし、有料の場合には課金システムについての契約が必要です。インターネットを介して使えるため、ユーザにとっては便利なサービスです。セキュリティ面の強化のために最近ではSSH(Secure Shell)が利用させています。

2.6　FTP（file transfer protocol）

　FTPはインターネットに接続されているコンピュータの間でファイルを転送するのに使われているプロトコルです。この機能を使うとFTPサーバの持っているデータベースを利用したり、プログラムを転送したりできます。無料提供されているフリーソフトなども入手できます。

2.7　その他

　最近SNS(social networking service)の活用が盛んになっています。前述のサービスを活用してインターネット上で社会的ネットワークを構築しようとしています。

　またクラウド（コンピューティング）(cloud computing)はネットワークを雲に見立てて、パソコンは接続するために使い、ネットワーク上にシステムやデータを置いて使う方法を指しています。

　今後も新しいサービスが考えられますが、そのメリット・デメリットを考慮

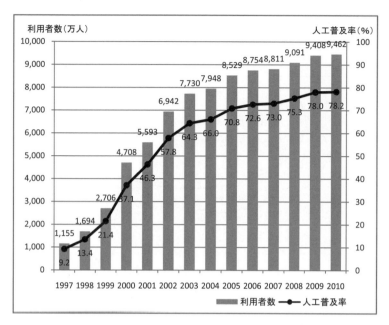

図12−1　インターネット利用者数と人口普及率の推移（平成23年度版情報通信白書より）

して活用する必要があります。

3．日本でのインターネットの普及状況

　総務省は毎年「情報通信白書」を発表しています。これを参考に日本でのインターネットの普及状況について見てみます。

　2010年末のインターネット利用者数は**図12−1**に見るように9,462万人(対前年比0.6％増)と推計され、1年間で54万人の増加を示しました。また、人口普及率は、対前年比0.2ポイント増の78.2％となっています。人口普及率は図のように2003年末に60％を超え2005年末に70％を超えています。人口普及率は全人口に対する割合のためその増加傾向は鈍化しています。

　2010年末現在のインターネット利用端末の種類は**図12−2**のようになっています。インターネット利用端末を「パソコン」、携帯電話・PHSや携帯情報端末（PDA）及びタブレット型端末などの「モバイル端末」、「ゲーム機・TV等」に分けて通信利用動向調査を行った結果で、パソコンとモバイル端末の両用している人が多いことがわかります。情報量は「パソコン」が飛びぬけて多くなっていましたが、携帯電話の進化により「モバイル端末」の活用方法が変化しています。人の情報との関わりによってその活用方法は変化します。

　2005年末にはパソコンまたはモバイル端末の片方のみの利用者の割合は合わせて41％でしたが、2010年には24％に減っています。主流は併用ですが、単独の利用者も4分の1は居ます。情報提供を行う場合には、多様な使い方が存在し

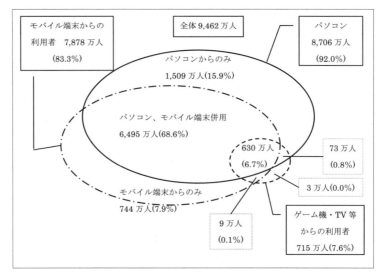

図12－2　インターネット利用端末の種類（2010年末）（平成23年情報通信白書より）

ていることを知ってインターネットを活用することが大切です。

　個人が自宅のパソコンでインターネットを利用する際、光回線などのブロードバンド回線使用者は、2010年末に88.6%になり、情報の流れがますます高速化大量化しています。今後は情報の量より質が問題になるでしょう。

　企業のインターネット利用状況は、過去の情報通信白書によると、2005年に97.6%のほとんどの企業、85.7%の事業所がインターネットを導入済みでした。300人以上の企業の普及率は2000年に95.8%と9割を超え、従業員数5人以上の事業所では2000年に44.8%であったが、2001年に68.0%になり、2005年には前述の85.7%に至っています。ここまで普及すると、当時導入していない2.4%の企業や14.3%の事業所そしてここにカウントされていない小さな企業や事業所はITを使いこなさずに遅れを取っている心配があります。

４．デジタルデバイド

　「情報格差」という意味で「デジタルデバイド」という言葉が使われます。2010年世界でのインターネット利用者数は約20億人です。高所得国と低所得国間に格差があり国際的なデジタルデバイドは課題のひとつと言われています。

　他方、日本国内にも２つのデジタルデバイドが存在します。ひとつは、**図12－3**に示す年齢によるデジタルデバイドです。携帯電話でのインターネット利用ができるなど使いやすくなり、50歳代60歳代の利用者が増加して格差が縮まっていますが、80歳以上ではなかなか格差が解消されていません。高齢化が進む森林地域での利用を進めるためにもこの格差はひとつの課題です。

　２つめは、市町村の規模によってブロードバンドサービスの提供情況に地域

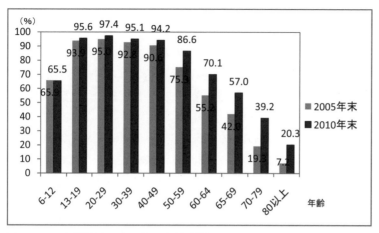

図12－3　年齢別インターネット利用状況（平成18、23年情報通信白書より）

格差があることです。政府は2010年までに地域格差の解消を目指しましたが、全国を網羅させることは難しい事業です。**図12－4**は2005年の状況です。当時は森林の存在する人口規模の小さな地域ほど加入不可能の割合が大きくなっていました。

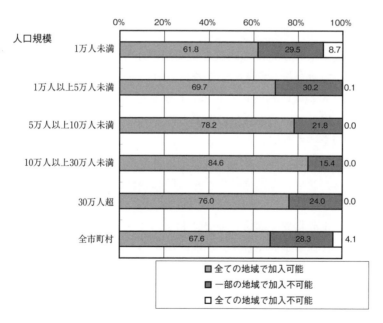

図12－4　人口規模別ブロードバンドサービス提供状況（平成18年情報通信白書より）

5．セキュリティ対策

インターネット全体の管理者はいないためと、国内だけの閉じた世界ではないという理由から、国境を超えた犯罪に巻き込まれる可能性があります。電子商取引上のリスクとしては、漏洩・盗聴、なりすまし、改竄、事後否認、欠落・未着、災害が挙げられています。

一方、パソコンを守るためにワクチンソフト（アンチウイルスソフトとも言う）があります。これはコンピュータウイルスの侵入を防ぐためのソフトウェアです。インターネットを介して侵入しようとするウイルスを、あらかじめ用意してあるウイルス検知パターンと比較して検出し侵入を防ぎます。ウイルス検知パターンは常に新しいデータでなければ効果がありません。これはインターネットを介して取得します。しかし、新ウイルスのパターン作成はどんなに急いでも即座にはできず対策は何時間か遅れます。そのため出現したばかりの新しいウイルスを完璧に防ぐことは不可能です。その代りワクチンソフトは検知するだけでなく修復機能もあり、パソコンが危険を回避できるように工夫しています。ワクチンソフトを常駐させるとパソコンの起動や処理速度が遅くなるため嫌がる人もいますが、パソコンが使えなくなった時の不便さを考えると我慢して使うしかありません。

最近はインターネット接続しているサーバがデータをチェックしています。チェックして良いものか否かの議論を新聞記事などで見ることができますが、この検閲については今後も考えていかなければならない問題です。

パソコンがウイルスに感染してもユーザが気付かないウイルスもあります。動くので安心と思っていても自分の関係者のパソコンにウイルスを送りつけていたり個人情報を盗まれていたりします。自覚していないだけに厄介です。そして知らぬ間に被害者であると同時に加害者になっていることがあります。最近の携帯電話はパソコンと同様にウイルスに狙われます。パソコン同様注意が必要になっています。

インターネットの世界では新しいソフトウェアやサービスが急速に出てきます。そのため、法律も追いつかず、国際的な対応も必要とするため、危険はいつまでも解消できません。そのように考えて使っていくことが大切です。ネットワークのエチケットとして「ネチケット」が考えられています。これは最低限守るべきルールすなわち倫理的基準です。

情報は知られていないものほど価値が有ります。インターネットを利用する場合、他人が見ている事を意識して個人情報は極力掲載しないようにすることでかなり危険を回避できます。便利な反面、危険もあることを意識することこそ大切でしょう。

暗号化技術も進んでいます。しかし現在は安全でも近い将来安全でなくなる

可能性もあります。この種のニュースにも気を配る必要があります。

　なお、インターネットは便利なため情報検索してレポートをまとめたりすることに使いますが、「著作権」を意識する必要があります。出展を明記するなど考慮してください。また商用に使う場合には許可を得るなどの手続きが必要です。

　インターネット上の情報は玉石混交で有用なものもあれば「ガセネタ」もあり、情報過多の時代は自分の見る目をますます磨かなければならない時代でもあります。

参考文献

総務省：平成23年度版情報通信に関する現状報告、2011.

総務省：平成18年度版情報通信に関する現状報告、2006.

XⅢ. 森林地域にとっての インターネット

　インターネットの活用は森林地域の産業にとって大きな効果があると考えられます。その効果について考えましょう。

１．森林にとってのインターネットのメリット

　インターネットのメリットはいろいろありますが、特に森林にとって次の３つを挙げることができます。

1.1　空間を超越していること

　世界中に張り巡らされているインターネットに対して都市にあるパソコンも山村にあるパソコンも条件が同じであれば同等に繋がります。情報の距離は実際の距離とは関係ありません。これは「空間の超越」と言えます。情報発信のためのウェブページ開設も検索も同様です。そしてメールもしかりです。

　森林のある山村にとってこのメリットは注目すべきものです。長年、実際の距離に伴う時間距離の長さに悩まされてきた人々にとって、直接移動することはできませんが、距離を超越して情報交換できることは注目すべき特徴です。電話は技術的に距離を超越していましたが、高価であったためインターネットの方が実用的です。

　なお、情報発信に際しては闇雲に発信しても効果があるとは限りません。読んで理解して行動してもらわねばなりませんので、相手となる対象者に興味を持って貰えるような内容や方法を考えていく必要があります。今のところ話題になるようなウェブページはできていないようですが、将来は都市に住む人々を振り向かせるような情報発信ができると、様々な森林問題解決の糸口になる可能性があります。

1.2　時間を超越していること

　２番目のメリットは「時間の超越」です。ウェブページの開設や検索、電子メールなどインターネットでのサービスは相手の代わりにコンピュータが介在し、人が同時に対応しなくてもコミュニケーションが成立します。これが電話と異なる点のひとつです。「時間共有が不要」であることは、電子メールでの

相手同士でも、ウェブページの情報発信側と検索側の場合でも、それぞれ自分の都合の良い時に対応することを可能にしています。

　たとえば、ビジネスではお客様に待ち時間なく発信してもらえます。対応は即座にはできませんが、「お待たせ」は回避できます。逆に、お店の側は客待ちの時間を省略できます。これはコスト削減の一歩です。また、小規模のビジネスも行えます。業種によっては店を持たずに商売をするeコマースが生まれました。書店や旅行などいろいろなビジネスがインターネット上に誕生しました。森林に関するビジネスも可能と考えられます。

1.3　情報量無制限

　インターネットの特徴として無限に近い情報量を格納できることが挙げられます。店舗では商品の陳列スペースが限られ、倉庫では在庫商品の置けるスペースが限られています。パンフレットや書籍にはページ数に制限があります。これに対し、インターネットの世界はリンクさせることで、無限に近い情報を格納し陳列できるのです。「情報量無制限」の感覚です。

　インターネット活用に際し、これまでの行動様式を踏襲できるところと全く異なる行動様式をとるべきところとがあります。人間同士のコミュニケーションに関わることは前者が良いでしょう。人間が対象であることを考えると当然です。他方効率を求め、仕事のプロセスに関することは改良した方が良い場合があります。

　インターネットを充分に活用するためには投資も必要です。多量の情報を格納できるWWWの作成にはハードウェアとソフトウェアの調達、そしてデータの作成管理者が必要です。

【トピックス】

　人間と人間のコミュニケーションは手紙を除く多くの場合、同じ時間を共有することで成り立ってきました。特に狭い日本では相手に直接会って話をすることが私的な場面でもビジネスの場面でも重要視されてきました。電話が普及して「電話で済ます」ことも多くなりましたが、重要な節目には必ず会って話の確認を行いました。他方広い国土を持つアメリカでは、広いが故に電話やテレックスやインターネットといった電子機器が作られ普及しました。

　インターネットに慣れた世代の活躍する21世紀の時代は、仕事の方法を改良し便利なインターネットを充分活用して仕事を進めるようになります。日本の慣習の中にインターネットを活用する良い方法が工夫され、コミュニケーションのひとつのツールとして重要になります。さらに情報の量を増やすこと以上に情報の質を高めることが重要になるでしょう。

２．インターネットコミュニティ

　インターネットが普及し、新たにインターネットコミュニティができました。コミュニティとは日本語では地域社会、共同社会、地域共同体などと訳されます。人間はひとりでは生きていけません。多くの人々と関わりながら活動して生きています。小さい時は家庭で家族の中で過ごし、少し大きくなると地域の公園など地域の人々との関わりへと広がります。空間はどんどん広がり、

学校（地域）→町→市→都道府県→国→世界

へと拡張していきます。

　また、人間は成長するにつれて、同時にいくつものコミュニティと関わります。学校（同窓会）、会社（職場）、地域社会、趣味の仲間、子育ての仲間等です。インターネットはこのコミュニティの情報交換の場として定着しました。はじめはコミュニティの道具として使われましたが、ネットニュースやウェブページの検索により新しい人を入れたり、新しいコミュニティを形成できたりすることが解かり、様々なコミュニティが作られています。

　インターネットによる仮想（バーチャル）空間でのコミュニティは行き来できるというような物理的制約が無く、広く知らない土地の人にも呼びかけることができ、会う機会が無かった仲間と出会う可能性を作っています。

　言語という制約はバーチャル空間でも存在します。日本語を使っている限り日本語のできる人が対象になります。グローバルなインターネットを使って世界中の人とコミュニケーションを取っているつもりでも、日本語を理解できる人が対象である可能性が大です。自動翻訳のソフトウェアが開発され徐々に障害は小さくなっています。英語を使うことで英語のできる全世界の人と交流できますが、それでも英語のできない人との交流はできません。これは人間のコミュニケーション能力に依存する部分です。

　日本の社会のインターネット暦は15年を超え、ライフスタイルが変化しました。人間の生活は簡単に変化する部分とそうでない部分がありますが、インターネットの便利さにより社会自体が変わってきました。人間関係も変化し、行動の仕方も変わってきています。平成18年情報通信白書ではライフスタイルが変化して消費動向に波及し、「新しい市場や雇用の創出」、「従来市場の縮小や変貌」、「企業行動・企業組織の変化」を指摘しています。「社会経済全体」としては、「多様な情報流通」、「市場の効率化」、「社会の生産性向上」をもたらしています。

　このような変化は、森林をとりまく産業にとっても空間を超越していることから新しいタイプの市場の形成が期待されます。在庫を持たず、遠方から映像を使って情報発信し、消費者ニーズを引き出すことができるのです。森林組合などの森林に関係するウェブページでは一応形式だけ整えていますが、未だ消

費者の気持ちを考え販売を行う体制になっていないものも多く残念です。

　さらにウェブページの運営では積極的に工夫をしなければ情報は時間と共に陳腐化していきます。情報は生き物で、消費者ニーズを敏感に察知し対応しなければITを上手に活用することはできません。産業は人間が作り、ITはあくまで情報管理や情報交換のサポート役にすぎないのです。

3．ビジネスの変化

　インターネットの普及によりビジネスの方法は変化しています。ビジネスの当事者を企業（BusinessのBと表す）と一般消費者（ConsumerのCと表す）と行政機関（GovernmentのGと表す）とすると、電子商取引（Electronic Commerce）の表し方として、をBtoB、BtoC、GtoC、GtoBと表しています。toを2と表示してB2B、B2Cと表すこともあります。

　B2Bの企業間の電子商取引は1998年から2004年の6年間で約12倍の102兆6,990億円になっており、企業間取引でのインターネット技術を利用した取引が拡大し、インターネット利用率は48.1％と半分近くまで拡大しました。企業間取引については消費者からは見えにくい世界ですが、すでに技術として定着しています。

　これに対し、一般消費者向け（B2C）の電子商取引の2004年の市場規模は5.6兆円（対前年比27.6％増）で全体の2.1％とB2Bに比べると小さい状態でした。B2Cの電子商取引化率はパソコン関連（16.6％）、金融（16.8％）が高く、2003年ごろから変化し、現在も移行中という段階です。不動産や旅行などは森林地域と関連がありますが、今後いかに活用するかを工夫する必要があります。

　一般消費者はネットショッピングなどの電子商取引以外でもインターネットを活用しています。製品情報の収集や価格比較等を行い、自分のニーズに合った商品の取得に利用しています。インターネットを利用すると地理的制約にとらわれず情報収集でき、事前の商品調査のコストを節約して高い満足を獲得しようとします。情報としては企業側の提供する商品説明のウェブページのみならず、ブログなどの消費者同士で発信する情報も有効活用できます。

　森林の場合、過去に国民に向かって多くを語っていない時代がありました。そのため情報発信では都市住民への情報提供技術を磨いていない経緯があります。インターネットは過去を払拭して情報発信する手段と成り得るでしょう。そこでウェブページを検索して見てもらう工夫をして有効活用したいものです。

　平成18年度版情報通信白書にはB2Cの電子商取引での「ロングテール現象」の可能性を述べていました。今までの市場では「商品の種類の中で売れ筋の上位2割の商品が8割の売り上げを確保している」という「伝統的マーケティングの経験則」である「パレートの法則」に則っています。しかし、書籍のウェブ

サイトのアマゾンでは需要の掘り起こしを行い需要をまとめることで、売れ筋の残り80％の商品から売り上げの3分の1を上げた実例をのせていました。売れ筋の残り80％の商品をロングテールと言い、「ロングテール現象」と称しています。商品需要の多様化が進み、インターネットによる対応で、細かな品ぞろえも可能になりました。

　森林に関しては木材のみならずレクリエーションなどいろいろな産業があります。インターネットを利用して一般消費者の趣味など小さな需要をきめ細かく掘り起こしたり、また狭い地域での対応が難しい場合広い地域で協力し合ったりすることで、この「ロングテール現象」を味方にできる可能性があります。

4．行政機関とインターネット

　行政機関や自治体ではそれぞれ電子政府、電子自治体を目標に情報化を行いました。行政機関は電子政府や電子行政サービスの実現、そして自治体では住民サービスの向上、行政の効率化を図り、次の要望に応えようとしています。
① 窓口サービスの向上
② 迅速・多様化
③ 情報公開
④ 住民参加
⑤ 行政事務の高度化・効率化
⑥ 資源の有効活用
　地方自治体では、ウェブページを開設して、様々な情報を公開しています。電子政府や電子自治体のシステムの中にはGISも含まれています。

5．森林地域のウェブページの開設について

　ウェブページを開設する場合には次のような目的があります。
① 公官庁の場合は情報提供とサービスを行い、合意形成を行うことを目的としています。
② 企業のようなビジネスの場合には、企業の宣伝、商品の宣伝そして商品の販売です。それに加え販売後のクレーム受付やクレーム処理を行い、新しい消費者ニーズを見つけるというマーケティングまで行っています。
③ ボランティア活動では、情報交換の場の提供と自分たちの情報発信により理解者や協力者を増やすことを目的としています。
④ 個人は、自分の主張の発表の場であり、賛同者などの仲間を募る場合もあります。
　森林地域ではいろいろな立場でウェブページを開設しています。都道府県、市町村、森林組合などの組織、ボランティア団体、森林経営者等さまざまあり、目的も多様です。それぞれの目的に合わせてウェブページを設計し情報提供し

ます。

　他方、森林について近年人々の要望が多様化したため、いろいろな観点から興味を持ち検索されます。"森林" という文字列で検索すると検索エンジンによって違いますが、何百万件のヒットがあります。同様に "林業" ではそれより少ないですが何十万件から何百万件のヒットがあります。

　このように検索結果として多量のウェブページが提示されると、初めの何件か何十件かで疲れてしまいます。逆にウェブページ発信側は、上位に自分のウェブページが検索されるように様々な工夫をしたり、IT関連会社によってアイデアが提示されたりしています。

　検索側はどうしたら自分の欲しい情報を手に入れられるか頭を使わねばなりません。例えば県名が解かっていたらキーワードとして入れ、その結果を見てさらにキーワードを絞り込むという操作を繰り返します。欲しい情報に行き着くには工夫が必要です。大勢の人が欲しい情報は比較的簡単に手に入りますが、珍しいものや特殊な事項については簡単には手に入りません。

　また発信者と検索者ではニーズの違いがあるのは当然です。それを理解した上で検索して、発信者の考えを考慮しながら上手に情報活用したいものです。

　さらに、インターネット上には正しくない情報が多数有り得ます。その対応策として、「誰が発信している情報なのか」を常に意識することが大切です。都道府県のウェブページの場合、地域情報は確からしいと考えられます。そのように常に記事の出展に注意を払うことで判断できることがあります。怪しい情報は他の情報と照らし合わせてみると確かめられる場合があります。

　逆に情報を発信する側は上述のことを考慮して、検索者にわかり易い内容や構成にする工夫が大切です。「双方向」のコミュニケーションツールであることを利用し、見た人に意見を聞き参考にすることもできるでしょう。SNSの活用もそのひとつと考えられます。

６．森林地域にとってのインターネットへの期待

　森林にとっては時間と空間を超越できるインターネットは強力な味方です。インターネットを上手く使うことで、今まで都市の住民と距離的に離れていて理解してもらえなかった状態を脱却し、産業や協力に結び付ける可能性があります。

　まず、森林環境についての情報を都市や他の地域の人々に届け見て理解してもらい、協力や合意形成を図ることに利用できます。県によっては緑の税金が集められ森林環境のために使われていますが、森林がどのようになっているかを広報することで大いに理解してもらえることでしょう。

　間伐材を含む木材や林産物などの販売ルートの開拓や確保にインターネット

の利用が始まっています。在庫を山元に置いたり、あるいは購入依頼が来てから伐り出すことも考えられます。農産物のインターネット利用方法も参考になるでしょう。

　レクリエーションのためには、見晴台等ポイントの紹介やルートマップなどの情報を流し、森林への来訪者を増やすために利用できます。その他、研究材料の提示や、希少動植物の情報収集への協力を促すなど使い方はいろいろと考えられます。森林地域は人口が少なく同じ世代の気の合う仲間を得ることに難しさがありますが、インターネットは生活や仕事の悩みなど、情報交換のツールとして有効です。

7．インターネットと森林GIS

　森林GISをインターネットで公開するか否かの問題にはいくつかの課題があります。まず個人情報を保護しなければいけません。森林の場合、個人名を伏せても場所や面積などひとつあるいは複数の情報で「誰のものか」、「資産内容」など山村ならではの類推が簡単にできてしまいます。

　希少動植物の場所や規模などを公開すると、不心得者のために対象物が保護できなくなる危険があります。

　GISがソフトウェアとしてセキュリティ機能を強化し、アクセス権の管理をすることはもちろんのこと、アクセスしたことや、どのデータを見たか、どのような印刷をしたのかなどの履歴を取ることができるようになりました。しかし、DBの内容を考えるとそれだけでは危険回避できないとして森林GISを公開に踏み切れないでいます。現在のところ、担当者のみの使用段階のところが多くなっています。単純に考えると、データを分類し一部データを公開する方向が見えてきます。ソフトウェアの機能は高度化しますが、この問題はそれを越える今後の課題でしょう。

参考文献
総務省：平成18年度版情報通信に関する現状報告、217pp.，2006

課題 インターネットのウェブページについては、情報提供側と検索する側のニーズに違いがあります。このギャップについて考えてみましょう。実際にインターネットを使い検索した経験について、レポートをまとめましょう。

【手順】

① 森林環境についてあなたの調べたいと思うことを具体的に決めます。（例：○○県の△△の分布状況）過去の経験でも良い。

　検索の結果とあなたの知りたいことの違いを整理し評価してください。レポートには実際の検索結果を収録するのではなく、あなたのニーズとのギャップを明確にすること。

② 検索結果を踏まえて、あなたがホームページ作成者になった場合、どのようなことに注意して企画するかを考えなさい。自分の立場を決め、明示した上で、どのような目的でどのような内容のホームページを作成するか考えてみましょう。

XIV. 新しい技術RFIDの可能性と木材トレーサビリティシステム

この章では新しい技術であるRFID(Radio Frequency Identification)と木材トレーサビリティシステムを取り上げます。また世界の森林で盗伐対策のために話題となっているバーコードも対比のために取り上げます。RFIDは森林では本格的には使われていない技術です。可能性について説明します。

1．RFID（Radio Frequency Identification）

1.1　RFIDとは？

RFIDは非接触型ICタグ（無線ICタグ）、非接触型ICカードなどのことです。RFID技術は基本的システムが出揃い、各業界では活用段階に入っています。なお、RFIDは1970年代に日本とフランスで同時期に開発された技術です。

2007年3月以降、首都圏の交通機関では「非接触型ICカード」のSuica（スイカ）やPASMO（パスモ）が爆発的に広まり、1年足らずの間にご高齢の方までが鉄道やバスに上記カードを使って乗車するようになりました。その結果私鉄で利用していた磁気カードのシステムは2008年3月に終了になりました。なお乗車券の切符は今まで通り使われています。

次に、有料道路の「ノンストップ自動料金収受（あるいは支払い）システム」のETC（Electronic Toll Collection System）は「非接触型ICカード」と同様の技術です。有料道路の料金所で停止せずに通過できるように無線通信を使うシステムで、日本では2007年11月すでに2,000万台以上の車輌にETC車載機が取り付けられ、利用率最高の首都高速道路では平日平均利用率80%以上と言われていました。

RFIDは2つの形体があります。ひとつは先に紹介したカード型のICカードです。銀行やカード業界のICカードは日本では非接触型ではありませんが、ヨーロッパの銀行では非接触型のカードが使われています。

RFIDのもうひとつの形体はICタグと言われるものです。荷札の代わりにタグとして利用したことからICタグと呼ばれますが、今は多様な形体になっています。流通ではシール型のICタグをよく見かけます。2005年「愛・地球博」（愛知万博）ではICタグ内蔵入場券が採用され使われました。

1.2 RFIDの仕組み

　非接触型ICカードとICタグは基本的に同じ構造です。**図14－1**に示すようにICチップとこれに接続したアンテナから構成するインレットと呼ばれるものをカードやシール等のタグに加工しています（JICSAP）。

　ICチップは小さなコンピュータです。株式会社日立製作所の開発した世界最小クラスのチップは0.4ミリ角の小ささです。小さいため外科手術器具へ貼り付け、手術後取り残し検査にも利用されます。記憶メモリの容量は32KB（キロバイト）と16,000文字分の大容量が可能ですが容量が多くなると値段が高くなります。

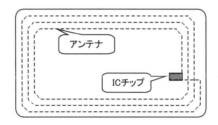

図14-1　RFIDの構造

RFIDのICカードやICタグなどはアンテナとICチップから構成されています。

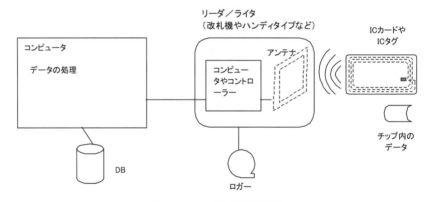

図14-2　RFIDの通信原理

　①ICタグ内のアンテナがリーダ／ライタからの電波を受信する。②ICタグ内で電磁誘導などの共振作用により起電力を発生させる。③ICタグ内のICチップが起動してチップ内での情報処理を行い、情報を信号化する。④ICタグ内のアンテナから信号を発信する。⑤リーダ／ライタのアンテナで信号を受信する。受信したデータをコンピュータ（PCなど）へ送り処理したりロガーへ保存したりする。

　またPC（パソコン）や携帯電話にはバッテリーが有り充電して使いますが、ICカードやICタグにはエネルギーを持たないものが多く、そのため小型軽量化できました。エネルギーを外から供給する方法は、**図14－2**のICカードな

どのアンテナがリーダ／ライタからの電波を受信し、電磁誘導などの共振作用によって起電流を発生させICチップを動かします。

　交通機関の改札口の機械にSuicaなどのカードをかざすと起電流によってICチップが作動し、情報処理が行われアンテナから信号を発信してリーダ／ライタに送信します。リーダ／ライタではデータを表示したり、データをロガーへ保存したり、コンピュータと接続している場合にはコンピュータで情報処理を行います。

　Suicaのシステムでは通信範囲は約10cm、カード内のデータ照合と運賃計算時間0.1秒、カード内処理時間0.1秒の合わせて１人0.2秒で処理しています。また、カードが乗客の手から離れないことから、切符の取り違えなどのトラブルを防ぎ、順調な改札業務を遂行しています。

1.3　RFIDの特徴

　非接触型ICカードやICタグは次のような特徴があります。

① 非接触で通信を行うので、汚れに強い。ICチップ自体が表面に出ている必要がない。

② 複数の読み取りが一度にできる。図書館の本などで実証。

③ データの書き込みも可能であり、リアルタイムの対応もできる。

④ キーボードなどに比べて入力が簡単で、エラーが少ない。

⑤ 効率的に入力できる。

⑥ さまざまな形状に加工できる。

⑦ 選択する周波数によって指向性が広く、認識範囲も広くなる。通信可能距離は使用する周波数により、２メートル程度まで可能のものもある。

　他方、次のようなデメリットもあり、考慮する必要があります。

① 金属から影響を受けやすいため、対応が必要である。

② 水分からの影響も受けやすく、対応が必要である。

③ バーコードは印刷できるため、バーコードと比べると価格が高い。

④ ICチップ自体への圧力に弱く、破損の可能性がある場合には対応が必要である。

　①②④についてはセラミックスで包む製品等が開発されています。値段については大量に利用されることで価格は下がる可能性があります。再利用や効果的な場所への活用の検討が必要です。2004年～2006年経済産業省の委託を受けた日立製作所は「響プロジェクト」により月1億個生産する条件で１つ５円にできる見通しを得たとしています。しかしこの多量の活用条件は現在のところ無理のようです。

2．非接触型ICカードの応用例

　ICカードは個人IDを表すことを目的に使われています。日本の銀行で使われているキャッシュカードは非接触型ではありませんがICカードです。ICカードはセキュリティ面の手堅さから、海外では銀行のカードやクレジットカード業界のカードとして使用されています。日本でも各銀行がICカードへの切り替えを進行中ですが、接触型ICカードを導入しています。

　一方、交通機関では、JR東日本がソニー株式会社の開発したFeliCaを採用してSuicaを2001年11月から導入しています。

　その他、JR西日本のICOCAや関西の交通事業者49社による「スルッとKANSAI協議会」のPiTaPaにもRFIDが採用されています。また、全国のバス会社でもRFIDの採用が始まり、さらにJR各社と私鉄の相互利用が進められています。

　次に電子マネーもいろいろな実験を重ね、Edyとしてオフィスビル内などの狭い地域を中心にコンビニを巻き込んでの利用が広がっています。

　高速道路でのETC（Electronic Toll Collection System：自動料金収受システム）は2001年3月から導入が開始されましたが、これにより平成16年は渋滞が減少したとの報告があります。

　その他、住民基本台帳のICカードの導入や運転免許証、携帯電話のクレジットカード機能の組み込み、電子チケットのネットでの携帯電話へのダウンロードなどがあります。

　FeliCaカードはソニー株式会社が開発した非接触型ICカード技術の名称です。この技術は偽造されにくいことから社員証や学生証に利用されています。さらにセキュリティを強化したPKIカードが出てきています。これはIC上のデータ構造を複雑にして不正アクセスができないようにしてあります。

　複数の企業が集まってグループを作り、入退室情報やその他施設利用のセキュリティ管理を厳しくするシステムを開発してきました。オフィス内に入室しているという条件の下で、PCのログイン実行や、プリンタのアウトプットの入手、コピー機の利用ができ、それと同時に履歴を残し、一緒にビデオカメラにより撮影され録画されるという厳重なシステムを構築しています。他には、ゴルフ場の個人ロッカーからの発想で個人ロッカーのセキュリティや、部課別書類管理用キャビネットの鍵開閉へとセキュリティ管理のおよぶ範囲を拡張しています。

　多数の大学でもこのシステムは導入されています。カード発行システム、出席管理システム、入室管理システム、ゲート管理システム、PCログイン管理システム、証明書発行管理システム、図書貸出返却システム、食堂管理システムなどの拡張システムを構築しています。

3．IDの格納方法

　情報を管理する上で、識別番号ID（identification）が必要ですが、これの格納方法には色々あります。

3.1　バーコードと２次元バーコード

　バーコードは1980年代にコンビニエンスストアで導入されました。バーコードは長さ3〜3.5cmで数字13文字を表示しています。レジではバーコードで表示した商品番号をバーコードリーダで読み取るだけで、コンピュータに保存された商品価格データを読み出し、支払金額を計算することができるようになり、バーコードシステムの導入は画期的なものでした。商品価格をデータとしてコンピュータに登録しておくため、レジ係は商品価格を憶える必要がなくなり、ミスが減少してサービス向上につながりました。各支店の売上のデータを本社に集め、集計処理を速やかに行えるようになり、その上、売れ筋商品の情報を解析してその情報を利用することができるようになりました。

　バーコードは１次元の並びですが、表示できるデータをより多くするために、２次元のコードが考案されました。その１つがQRコードです。QRコードは日本の株式会社デンソーが開発し1994年に発表しました。アメリカでは多種類の別の２次元のコードが使われています。

　QRコードは360度どの方向からでも高速読み取りが可能で、「切り出しシンボル」といわれる目のようなシンボルが四角の四隅のうち３ヶ所に付けられデータ領域のセルを確実に読むことができるようになっています。携帯電話の写真機能で撮影してQRコードの内容を活用することもできます。

　2006年1月現在QRコードの概略仕様は、21セルの2乗〜177セルの2乗まで1辺当り4セル毎に増加させ、情報の種類は混在させることも可能で、数字では最大7,089文字、英数字では最大4,296文字、8ビットのバイナリでは最大2,953文字、漢字では最大1,817文字、データ復元機能である誤り訂正能力も持ち合わせています。QRコードはISO（ISO/IEC18004）やJIS（JIS-X-0510）で規格が制定されています。

　デジタルデータであれば文字、数字データからURLや、音声など多種類のデータを扱うことができ、いろいろに応用できるものです。QRコードは大容量、省スペース、高速読み取り可能の特徴から、用途としてOA、FA、物流などに限らず全分野に利用できるとされています。

　バーコードもQRコードも印刷で情報を記述できます。そのため変更はできませんが、安価に情報を表わすことができます。QRコードはバーコードの10分の1の大きさで表現できます。バーコードリーダ同様、QRコードのリーダやライタが普及すれば、今後いろいろな用途に使われていく可能性は大きいでし

ょう。

　現在、商品にQRコードを添付し、携帯電話を利用して生産者情報を読み出せたり、表示商品についての情報をインターネットで調べられるものが出ています。これは牛肉のBSE問題などが発端となって消費者の食への関心が高まり、生産者側が対応した食品トレーサビリティの一例です。木製品や炭などの商品への応用が考えられます。

　なお、QRコードは分割方法も考案され、細長いものへの記述も可能になっています。世界の森林地域では盗伐が問題になり、出所の確かな材木にはバーコードを貼り付けるという話が出ています。使い方によってはうまくいくのかもしれません。

3.2　ID格納方法の関係

　図14－3はカードやバーコードの関係を示したものです。プラスチックのカードはエンボスカードから磁気ストライプ付きのカードへと情報量を増やし、次にICカードへと変わります。ICカードには接触型と非接触型の2種類が考案され導入されてきました。最近では、携帯電話の中へICカードを内蔵できる技術が実現され、携帯電話をICカードとして利用するようになってきました。携帯電話の普及で、ICカードを内蔵したり、併用したりとサービスは変化しています。

　他方、バーコードは商品コードなど少量のデータを表示するために使われてきましたが、さらに情報量を増やした2次元コードが考えられました。そのひ

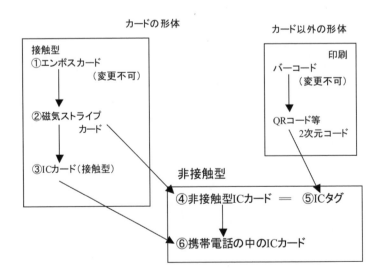

図14－3　カードやバーコードの関係

とつのQRコードもバーコード同様に印刷できますが、書き換えは不可能です。ICタグが安価になれば情報量の多さと情報の書き換えが可能なことから利用が進む可能性があります。

４．森林地域での活用

　過疎化の進む森林地域ではITを活用した情報収集と管理が大切ですが、森林で利用するためには風雨に曝されても丈夫で安全な製品でなければ使い物になりません。KRDコーポレーション株式会社の「セラミックスICタグ」はRFIDのチップとアンテナをセラミックスで焼き固めているため熱や水などに強く、屋外などの厳しい環境でも活用できるものです。このような屋外の条件に合う製品が開発されることで利用可能になります。

　実際、国土交通省では国道の下り車線の１km毎にキロポストを建て、セラミックスICタグを下り車線に埋設しています。そこには場所の情報をはじめ多くのデータを入力保存しておき、現場で読み出すことが可能です。国土交通省ではどのような用途に利用するのかを検討中です。

　過疎化の進む森林地域ではITによる情報管理手法を活用することで地域産業や生活環境の充実を図ることができます。セラミックスICタグは屋外でも利用することができます。**表14－1**はICタグなどを活用したシステムのアイディアです。

表14-1　ICタグなどのRFIDの森林への利用案

分類	対象	利用案	他分野での実例
森林環境	林小班	現場設置したICタグに、その林分情報を格納し利用します。林小班名などのIDを現場に明記でき、解かり難い林分境界を明示できます。森林GISや森林簿により管理してきた森林情報を現場に置くことも可能で、インターネットと併用することが望ましい。	銀行カードには顧客のデータが入っていて、銀行のATMではこれを利用しています。病歴の記入などの応用例もあります。
	地籍や道路	不在村森林所有者が多く境界線の不明は問題です。そのための測量技術に最近は誤差を前提にGPSが利用されます。三角点標石や水準点標石などの表示にICタグを付加することで、現地で地籍を明確にできます。林道などの情報が現地で取り出せれば、誤解も減少できます。また森林地域では同じような風景のため道に迷う経験も多く、道標として利用することもできます。そして森林作業の効率化にも役立てられます。	国道のICタグには場所のデータが入っています。リーダ／ライタで読むことができます。

森林環境	伐採木の選定	立木や植生の選木などの作業に現在はビニルテープなどを利用しますが、ICタグの利用は伐採後出材した材にその情報を追記し市場に出すことができます。	豚や牛の飼育では個体の飼育履歴を記入しています。イヤーICタグが導入されています。
	動物の研究	動物の研究やペットの管理ではすでに利用されています。接触しなくても簡単に確認できます。	イヤーICタグなどが使われています。
	構造物	橋などの構造物にICタグを付けることで、修理履歴や利用履歴など現場に情報を置くことが可能です。	高価な機材管理に使われています。
	森林作業	道路標識や道路情報の明示は森林内活動に役立ちます。さらに林道にゲートを置くことで、機械等のICタグと合わせてセキュリティシステムを構築できます。不明なあやしい通行者や車両をビデオ撮影して記録し、産業廃棄物の不法投棄やその他の犯罪防止の見張り役システムとして利用すれば、森林地域へのアクセスコントロールシステムになります。	工場や倉庫の行動管理システム。
	林業機械	機械は構造物と同様、修理履歴や利用履歴などの情報を現場に置くことが可能です。さらに機械へのアクセスコントロールが可能になり防犯に役立てることもできます。	図書館の本などの物品の管理システム。
森林の保健休養機能	環境教育	現在の立て看板や説明板などでICタグを利用できます。今後は携帯電話の利用も考えられます。	美術館や博物館では特殊なハンディタイプのICタグ用リーダ／ライタにより説明しています。
	迷子対策	道にICタグを設置しておくと順路の説明ができ迷子防止になります。	ナビシステム。
	入山者管理	入山下山記録を採れば、遭難などに備えることができます。	アミューズメントパークの入場者管理や小学生の下校時のセキュリティ対策
	ニーズと興味の把握	入場者のアクセス管理ができると共に、森林の中で人気のある項目を調査し、入場者のニーズの推察から興味を引き出す種となる情報を得ることができます。	顧客情報や顧客管理などのシステムが作られています。
林産物	伐出	伐出時、はい積みの段階で丸太にICタグを付けることで、「どこから出てきた丸太か」という情報を明示し管理できます。これは森林認証制度での林産物の明示に役立ちます。	牛肉トレーサビリティで使われています。
	加工	加工の段階で、どのように加工するのかという指示情報をICタグに入れることができます。さらに加工内容を追記できます。	ミスを少なくできることから、製造工場ですでに導入されています。
	流通	製品の流通、在庫管理を効率的に行うことができます。	他産業の流通では箱にICタグを添付し在庫管理を行っています。

林産物	追跡可能性	木材トレーサビリティも可能です。	牛肉トレーサビリティがあります。
	真贋判定	銘木の真贋判定に応用できます。	ブランドのバックではICタグを使った真贋判定が行われています。
	マーケティング	消費者の意見も追うことができるため、商品のニーズや消費者の反応などを追跡し、営業活動、マーケティング活動に利用できます。	

5．木材トレーサビリティシステム

5.1　木材トレーサビリティとは

　「トレーサビリティ(traceability)」とは、「製品の流通経路を生産段階から最終消費段階あるいは廃棄段階まで追跡が可能な状態」を言い、「追跡可能性」とも言われます。食の安全から出てきたため、農林水産省では牛肉中心に推進しています。

　これに対し住環境を担っている木材は食の安全に比べその緊急性は低いと考えられがちです。しかしシックハウスに関わる人にとっての住宅の安全性は食品に近い緊急性があり、さらに長期間人間の生活を支える住環境は簡単に買い換えないことから、食とは違った意味でトレーサビリティが必要です。

　木材は、森林の立木が伐採されてから消費できる建物になるまでに、①立木、②丸太（素材）、③製品（柱材や板材他）、④建築物と形体の変化があり、その度にどこから出てきた木材なのか不明になる可能性が高まります。

　さらに国産材価格の低迷から、余計とされる作業は省略されやすくその傾向は強くなっています。そこで県産材を証明できる仕組みを作り追跡可能にすることはそれぞれの仕事が明白になり消費者からも正当に評価される可能性が出てきます。

　木材は何十年以上もの年月をかけて育った立木から製品になり、消費財になった後も長いものは百年以上もサービスを提供することから食とは違った追跡可能性の意義や意味があると考えられます。

5.2　トレーサビリティシステム概要

　一般的なトレーサビリティシステムは、**図14－4**の左上のようなデータベース（DB）と製品につけるID（識別番号）から構成され、IDでDBを検索し製品に関する情報を入手します。図の右上のパソコンや携帯電話からインターネットを介して検索できるようにすると、遠方の多くの消費者に情報を提供でききます。

　木材の場合、DBには**図14－4**下の立木、丸太、製品、建物の情報がそれぞれ保存され、互いに関連付けることで、建物や建物を構成している製品から丸太や立木などの情報を検索できるシステムになります。

5.3　IDの格納媒体

　IDの格納媒体は印、札、バーコード、2次元コード、ICタグなどが考えられ、それぞれ特徴があります。木材の場合、印は従来使われている方法であり、直接木材に書く方法や紙に書く方法など人には理解しやすいものです。しかし情報量には限りがあり、情報入力時（記入時）の人為的ミスが他のものに比べて高いことが特徴として挙げられます。

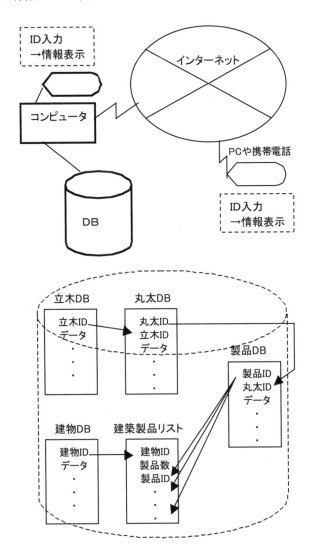

図14－4　一般的なトレーサビリティシステムと木材DBのシステム構成

　一般の商品にはIDとしてバーコードが付加され定着しています。他方、ICタグは現在の流通業界で活用が進んでいます。**表14-2**はこれらを比較したものですが、ICタグは高価であるが透過性（直接触れなくても判読できること）や複製不可能など他と異なる特徴があり、場所や物を選んでの導入は利用価値があります。

　木材トレーサビリティの活用はデータベースの構築が中心になります。その真価が明確になるまではQRコード（2次元コード）を活用し、利用価値が認められた後その入力をICタグにする二段式の導入も考えられるでしょう。

表14-2　ID格納媒体の比較

ID格納媒体	印・文字	バーコード（1次元）	2次元コード	ICタグ
入力方法	人手	コンピュータによる入出力		
人の認識	高い	なし		
人為的ミス	生じる	生じにくい		
書き換え	可能	不可		
透過性[1]	不可能			可能
作成コスト	安価			高価[2]
複製	容易			困難
耐久性	低い			高い

1）透過性は接触せずに読み書きすること。
2）ICタグは価格低下中であるが比較的高価。

5.4　DBの構成とデータ項目

　2008年秋、長野県の一般材を対象とした木材トレーサビリティのプロトタイプシステムを考える機会を得、どのような情報が必要かを洗い出し、**表14-3**のデータ項目リストを作成しました(2)。DBの構成は**図14-4**の下のもので、4種の対象物に各項目の情報を保存します。そしてIDで関連付けて呼び出します。

　製品リストでは柱材や板材など大きなもののみにIDを付加することを想定しています。情報が多ければシステムの信憑性が高まる反面入力効率が下がるため最低限必要と考えられる項目に留めました。項目の情報をDB側に蓄積するため将来必要があれば項目を増やすことは可能です。森林管理の観点から森林簿のデータ等を関連付ければ立木に関する情報が拡充されます。

5.5　木材トレーサビリティシステム導入効果

　牛肉トレーサビリティシステムの目的は、
①生産、流通の情報を開示する事で、商品の信頼性を向上させる。

②小売店の棚から全ての流通チャネル、輸送機関や倉庫、加工場、集荷現場等を経て生産現場まで履歴をさかのぼり検証できる。

③万一の事故発生時に履歴から事故原因の発生現場及び回収範囲の特定、迅速な製品回収及び事故原因の特定を行う。

とされています。他方、木材トレーサビリティシステムの効果を探りました[2]。

①**消費者**にとって：消費者にとっては目の前の建物について大きな製品（柱や板）だけでも何処で育った木が樹齢何年で伐採され複数の業者の手を経てここに来たのかを知り理解できます。建築主や消費者にとっては簡単に買った物と違い、物のルーツを知るきっかけになります。そして樹種や生育した森林や木材について興味を持つ人が出てくることを期待できるのではないでしょうか。実際、シックハウスの問題と直面している人はインターネット等で情報収集して学習し、知識がかなり豊富になっています。消費者の見る目が育つことで木材の価値が変わる可能性があります。

②**流通・加工に関わる人**とって：木材の流通・加工に関わる人は業者名などが明記され消費者に製品と共に自分の名前が伝わることで励みになります。それと同時に責任の重さを認識し、確かな仕事をする監査的な効果があります。これは「IDを貼った人の責任」とも言えるものです。さらにだれが良い仕事をするのか今まで以上に川下の業者に明らかになり、技術の向上が期待できます。そして業者間で情報を明確化することにより協力体制作りにつなげて欲しいものです。現在分業されている木材の流通・加工分野では、各工程が分断され情報が伝わらないだけでなく、地域の業者の協力体制が弱まり、内部競争から産業としての力が衰えてきています。川上から川下まで時代のニーズに合った木材の流れる筋道があってこそ、地域材活用の産業になると考えられます。

表14-3　木材トレーサビリティのデータ項目案

対象物	項　　　　　　　　　目
立木	立木ID、場所（林小班名）、植栽年
丸太	丸太ID、立木ID、伐出業者名、伐採年月日、末口径、丸太の長さ、樹種 素材市場名、市の年月日、売主、買手、等級などの備考
製品	製品ID、丸太ID、製材業者名（社名）、 加工年月日、プレカット、 乾燥方法（人工または天然） 製品市場名、市の年月日、売主、買手または納入先、大きさ（○×○×○）、 等級
建物	建物ID、全体の製品数、製品IDのリスト 設計士名、設計図番号、建物の場所、新築またはリホームまたは内装 工務店名、責任担当者名、着工日、完成日、建築主名、（建物の用途）

注）最低限必要と考えられるデータ項目リストです。必要に応じて増加します。

③**森林所有者**にとって：森林所有者にとっては、育てた木の情報が川下の建築主や消費者に伝わることでその仕事が明らかになり評価されます。それは「やり甲斐」につながり消費者との直接の対話が一部に出てきています。他産業界では現在消費者との情報交換は企業にとって基本的なことになっています。

６．RFID普及の影響

RFID普及の影響を考えてみましょう。

１．RFID技術によって、情報の持ち方が変化します。それによって、現実と情報の関係が変化すると考えられます。**図14－5**のように今まででリアルな世界とバーチャルな世界が別々に存在し、離れた位置をキープしていましたが、それを近づけることができます。

２．個体のIDなどのデータ入力を簡単にしかも誤り無く行えるようになります。人間の入力ミスを減らし効率化を図ることで、ITの力を一層発揮させることができます。

３．ICカードの特徴であるセキュリティに優れています。

４．RFID技術は汚れに強いことと、データ更新できることから、現場に情報を置くことができます。そしてデータベース中心の集中型の管理からデータ分散型の管理へと移行できます。

５．リアルタイムにデータ更新ができます。

６．価格はまだ高いが、いろいろな形にできるため、今後さまざまな分野で使用される可能性が高くなっています。

最近のコンピュータの改良点は、CPUの速度もさることながら、I/O部分の改良によって使い勝手を良くすることに重点が移ってきています。人間のミスを減らし効率的に入力できるようにすることで、人間の弱点を補いコンピュータの長所を一層引き出そうとしています。RFID技術はその方法のひとつであると考えられます。

RFID技術はまだ発展途上ですが、森林環境の管理や木材流通に積極的に応用することによって、広大な地域を対象とする森林情報管理に有効活用できる可能性が高いと考えられます。

【RFID導入以前】

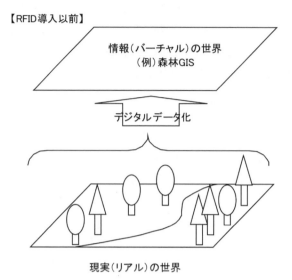

【RFID導入後の予想図】

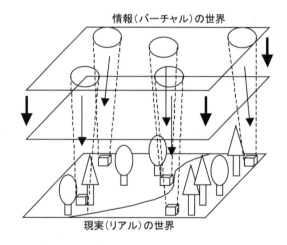

図14-5　RFID導入の影響（予想）

参考文献

RFIDについて

JICSAP．2005．[図解]ICカード・ICタグしくみとビジネスが3分でわかる本，株式会社技術評論社，110p.

田中万里子．2006．RFIDの現状と森林情報への応用アイディア，FORMATH2006

木材トレーサビリティシステムについて

田中万里子．木材トレーサビリティシステムに関する一考察（森林利用学会誌第22巻4号）、2008.

田中万里子．地域材活用のための木材トレーサビリティシステムの導入調査．2009.

参考にしたウェブページ

TOPPAN　FORMS

課題

1．身近なRFID技術を探して見ましょう。ICカードも探して見ましょう。
　・どのような使い方をしていますか。
　・このカードで私たちの生活がどのように改善されていますか。

2．RFIDや新しい技術の情報をインターネットで実例も含めて調べましょう。

3．RFIDの導入企画を考えてみてください。

4．木材トレーサビリティシステムよって木材のどのような情報が提供されると消費者の生活が豊かになるか考えてみましょう。

XV．森林情報複合システムへ

　ここまで14章にわたってITの様々な技術を学習してきました。どの技術も
ITと共に発展中です。この最終章ではこれらの技術の複合システム化につい
て考えてみましょう。

1．森林情報のあり方

　森林管理をはじめ森林の様々な情報を森林情報学では扱ってきました。どの
情報も大切なものばかりです。しかし、私たちが森林環境を守り育てることを
目的に考えると、その優先度は自ずと見えてきます。森林地域での産業も大切
ですし、生活も成り立たねば継続的な活動はできません。

　森林情報学の話をしてきましたが、実際に森林管理の仕事や活動はITでは
できないのです。実行するのはリアルの世界の人間であり、その人が扱う機械
です。そして、何をどのように手入れしていくのかや間伐計画の実施を決める
のは人間です。経営で言う「決裁する」のは人間です。ITは情報に関する
「手伝い」ができるだけなのです。

　しかし、ITを上手く活用すると便利であり、色々な支援をしてくれます。
人間が主人公であることを忘れずに、使いこなしていけば優秀な助手として大
いに活用できます。

　前章まで、いろいろな技術が出てきました。それぞれ特徴があり、中でも空
中写真の技術は長年森林管理の重要なパートナーとなっていました。また、今
後も有用な情報をもたらしてくれるにちがいありません。リモートセンシング
の技術の地上分解能は小さくなっていますが、空中写真を利用した方が良い場
面はたくさんあります。また、レーザプロファイルの技術との併用も多くの情
報を私たちに与えてくれます。

　ところが、どんなにITのモニタリング機能が優秀になっても現地調査は欠
かせません。その時GPSがポイントを押さえる手がかりとなり、デジタルデー
タ化するためにパソコン等の入力装置と共に活躍します。当然のように野帳が
携帯できるモバイルのパソコンになっています。また、デジタルカメラ、ビデ
オカメラなど今後も利用できる小型のハードウェアが増えてくることでしょ
う。

2．森林情報複合システム化へ

　各技術がそれぞれ発展してきて、どの技術も最早単独利用の限界を超えています。各県でのGISの導入や野外調査でのGPS活用の定着、他の技術の有効活用を考えると、21世紀の森林情報は複合システム化へと移行していくと予想できます。

　研究者はそれぞれの立場で、自分の研究対象としているものが中心になると主張しますが、筆者は森林情報の蓄積の重要性を考えると、森林GISが中心となったシステム化が進むのではないかと考えています。現在のデータのみならず過去のデータも参考にすべきものです。特に森林の成長は人間に比べ時間が長くかかります。このことを補うにも過去のデータの語る価値は計り知れません。

　図15－1は筆者が描く森林情報複合システムのイメージ図です。図15－1の左の各技術には森林GISから基本データを提供します。各技術の解析はそれぞれ難しいものですから、各々についてのソフトウェアと技術者が解析作業を行うことになるでしょう。その結果はデジタルデータで森林GISに提供されます。そして森林GISのデータの蓄積によってデータ量は増加し、DBの利用価値がますます高まります。

　また、左下の森林の現地調査のデータについては、GPSを用いた位置の明確なデジタルデータとして森林GISに入力され、適切な前処理を行うことで重要な情報をもたらすことになります。

3．森林GISの目標

　森林GISそのものはDBですから、図15－1の右のような作業に分けられるでしょう。まず、日常的な業務の中でデータや地図を参照します。最新あるいは明確に何時のデータが入っているか解かっていれば充分に利用できます。問い合わせに対しては表示回答し、報告書を作成することができます。また、通常の計画業務では、多種類の項目を考慮して、計画を立案できます。そして、報告書の形にすることになります。ここまでは現在実施している組織もあり、必須の目標でしょう。

　森林GISを導入するからには様々な条件を設定したシミュレーションを行うことで、利用価値が高まります。森林の場合、20年後、50年後、100年後の姿を予測することは多くの情報を与えてくれます。人間よりもゆっくり時間が流れるからです。これによって合意形成を図ることにも役立てることができます。また、ハザードマップの作成もシミュレーションの一分野です。森林GISが定着した暁には実現していると考えられます。日常業務をGISに大部分を任せ、人間はいかに質の高い仕事をするかを考えていきましょう。

　現在、統合型GISの導入によって、自治体の中で今まであまり地図と関連の

無かった分野の業務でもGISが使われ始めています。今後普及が進むものと期待できます。

　図15－1の右下にインターネットを入れてありますが、今でも地元の住民の情報が重要です。今後、森林地域の過疎化が進んだ時、さらに貴重になることが予想されます。この時、インターネットを介して情報収集ができることはシステムとして重要になります。リスクが大きいからと言ってインターネットを避けてはいられない時代になります。今後ますます知恵を出し合って、一部データでも情報提供するようになるでしょう。

　図15－2は過疎化の進んだ日本の森林地域のモニタリング概念図です。人工衛星、航空機による地上の撮影や観測、これらは遠隔地から実施します。さらにGPSを用いた森林の現地調査、そして地元住民による情報提供これらが協力し合って、森林GISを介して住民や国民にサービスしていくと考えられます。また、RFIDの技術も活用して森林地域のアクセスコントロールや木材などの生産物のトレーサビリティなどを行うようになると良いと筆者は考えています。

４．技術の発展・習得・活用

　ITは「日進月歩」というより、「分進秒飛」（筆者の造語です）以上の速度で変化し開発改良が進められています。これをひとりの人が追いかけることは無理なことと筆者は経験から考えています。なぜかというと、人間は使わない技術をどんどん忘れてしまうからです。忘れるからこそ新しい技術を習得できるとも考えられます。ではわたしたちはどうしたら良いのでしょうか。

　ITのうちパソコンで扱えるものに今限定して考えてみましょう。自分で使いこなして何でも一人でできないと困るものがあります。ワープロ、表計算ソフトの初歩的なこと、……、GISの担当者ならGISの操作です。しかし、直接触らないものは憶えても忘れるのは仕方ありません。今は１年遅ければそれだけソフトウェアが使いやすく改良される時代です。必要な時期が来たらその時に使い方を習得したら良いのです。でも、他人の話が理解できないといけません。そこで、何かひとつ学生時代にこれはというソフトウェアを使いこなし自信をつけましょう。奥の深い表計算ソフトでも良いと思います。

　そして知らないソフトウェアについては、自分の使える技術から類推してどのような目的で、どのようなことが出来て、どのような応用ができるのかを見極める力をつけることです。それには好奇心が大切です。大変そうで嫌だなと思ったらソフトウェアの方が逃げていってしまいます。

　また、使わないうちに操作を忘れても気にしないでください。一度習得したことは、二度目は短時間で習得できます。

　全てをひとりでマスターしてやってしまうスーパーマンは何時までも他の仕

事に変わることができなくなります。いろいろな人と分担して協力し合い教え合った方が、効果的に効率的にITと付き合うことができます。そして初心者はひとりで学習するより、友達と協力してソフトウェアに挑戦することをお勧めします。その方が、難所を切り抜けるのに知恵を出し合えます。森林情報システムが複合化するということは、皆で協力し合って活用するということなのです。

　コンピュータができて60年になろうとしています。社会の中ではITは特別な存在ではなく、目に見えない空気のような存在になってきています。人間も変化しましたが、上手く使いこなして良い仕事につなげて行きたいものです。情報化社会とは、人間は「知」を担当する社会です。知とは、知恵、知識、知能、……いろいろ広がっていきます。どうか、興味を持ってITと付き合い、仕事や生活に活用していってください。

【トピックス】

　ITの普及によって人間の生活も変化しています。平成17年の情報通信白書にはインターネットによる国民生活（行動や支出）の変化をウェブページのアンケート調査の結果として収録しています。一部を紹介します。

　ウェブ調査では、２年前との比較について「増加した」回答者数マイナス「減少した」回答者数のパーセンテージを算出して示しています。対象者はIT利用者に偏っていることを前提に読み進んでください。

　「家族との連絡回数が増えた」が17.2%と増え、「友達との連絡回数」も16.5%と増加しています。「旅行に行く回数」は0.4%とあまり変化していませんが、若干プラスになっているのはインターネットで安いチケット入手が可能になったからとも考えられます。「労働時間」もあまり変化していないようで-0.5%となっています。

　以下はマイナスの結果です。「映画・演劇・コンサート・スポーツ観戦に行く回数」は-4.3%、「外出する回数」-13.3%と自宅外での行動の減少が見られます。「新聞を読む時間」-17.9%、「家族と対面で話す時間」-18.6%と家庭内での行動も変化し、家族との会話も電話を通しての会話へと変化の傾向が見られます。「友達と対面で話す時間」も-22.3%と減少し、家族も含めて人と対面で話す時間が減ってITを介在させたコミュニケーションへと変わっています。「買い物をする時間」-19.1%、「雑誌を読む時間」-32.5%、「テレビを見る時間」-35.7%と余暇の過ごし方も変化しています。

　そして何よりも「睡眠時間」-43.2%と減少したとの回答が多く、大学生にこの話をすると、「睡眠時間の減少傾向」を自覚している者が多く見られました。

　支出の変化は減少したものばかりが収録されています。減少の大きな順に、

「雑誌の購入金額」－32.2％、「テレビゲームの購入金額」－28.4％、「音楽CDの購入またはレンタル金額」－20.7％、「新聞の購入金額」－19.4％、「ビデオ・DVDの購入またはレンタル金額」－10.8％、「映画・演劇・コンサート・スポーツ観戦に支払う金額」－10.2％、「CATVや衛星放送の有料放送に支払う金額」－10.0％、「旅行に支払う金額」－0.6％と個人消費の傾向が変わってきたことがわかります。IT利用に支払う金額は各社の競争の結果により安くなっていますが、趣味の買い物もインターネットを利用し、外出して支払う金額も減っているように理解できます。

　国民にとってITは生活基盤としてなくてはならないものになってきています。そして食費のエンゲル係数のように電話料金を含めた通信費が個人支出の基礎部分を占める時代になっています。IT業界の値下げ競争によって、個人支出中の通信費比率は減少しても、外出が減少する国民の行動パターンは簡単に元に戻らない可能性があります。旅行費や趣味の費用も削減され、関連する産業構造も変化します。現にウィンタースポーツの不振など森林地域の産業はITの影響があると考えられないでしょうか。

　また、都市住民のストレスがますます増えるのではと懸念されています。ストレス解消方法のひとつとして自然に親しむことが良いと言われていますが、旅行費用が変化していないことから森林環境へ訪れる人は増加していないことになります。このあたりのことも広く森林情報学に関連すると考えられますが、このテキストではこの問題提起にとどめておきます。一緒に考えていきましょう。

課題　いろいろな技術がありますが、あなたが次に挑戦したい技術は何でしょうか。付録2を参考に今後の学習計画を立ててください。

〔ヒント〕ひとりひとり森林との関わりが異なります。自分の目的に合わせて計画を立て前進してください。

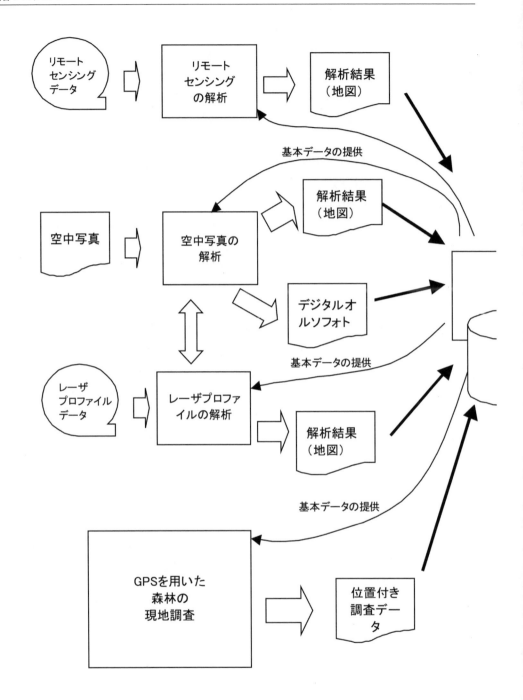

図15−1　森林情報複合システムのイメージ図

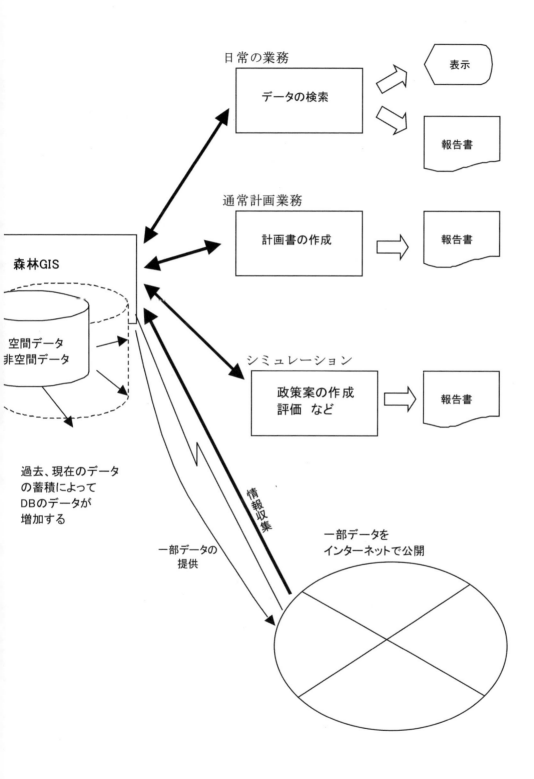

日常の業務

データの検索

表示

報告書

通常計画業務

計画書の作成

報告書

森林GIS

空間データ
非空間データ

シミュレーション

政策案の作成
評価　など

報告書

過去、現在のデータ
の蓄積によって
DBのデータが
増加する

情報収集

一部データの
提供

一部データを
インターネットで公開

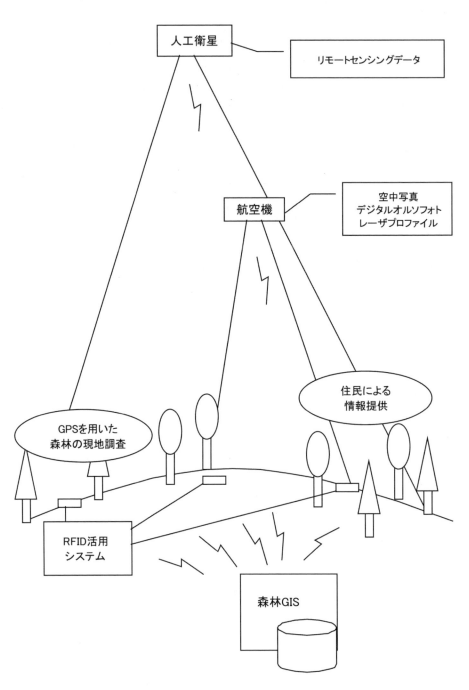

図15－2　モニタリングの概念図（田中作成）

付　録

1．森林以外のGISの例
2．文献について

1．森林以外のGISの例

　森林情報を扱うGISを森林GISと呼びますが、森林以外でもGISはたくさんの事例があります。ここではそれを少し紹介します。GISの使い方が広がれば一層有効活用ができると考えられます。（株式会社インフォマティクスの資料「GIS読本」等を参考にしています。）

1.1　自治体・総合土地利用

　人口の少ない地域あるいは土地の広い地域の土地利用管理には早くからGISが活用されています。

　オーストラリアでは土地台帳の整備のために総括地理情報システムを作っています。国立公園や森林の管理にも早くから活用されています。

　カナダではデジタルマッピングの整備をきっかけに土地情報システムの導入を行い、業務効率を向上させました。

　アメリカのある地域では、税金や保険料のデータ作成のために土地鑑定システムをGISで構築しました。価値の算定やハザードマップ、そして損害査定などに威力を発揮しています。また、急激に拡大して行く都市機能のプランニングから管理に至るまで大いに役立った例もあります。アラスカでは資源管理にGISを導入して業務の簡略化を図りました。

　イギリスでは民営化のために、都市の土地情報システムにGISを導入し、ビル管理、地代徴収、住環境整備など行っている例があります。

1.2　生活関連の管理

　オーストラリアの電話会社ではサービス向上のためGISを使った施設管理をしていました。

　2005年8月ハリケーン・カトリーナによってニューオリンズを中心に大洪水に見舞われました。それ以前の実例です。ミシシッピー川のデルタ地帯にある

ルイジアナ州のある郡では、居住地域の大半が平均海水面以下の悪条件と地盤沈下の進行のため、リアルタイムに対応できる上水道システム、下水道システム、排水システムの監視体制をGISを使って行っていました。上流の降雨の情報や水圧データ、水質分析、500箇所以上の地点でのモニターデータなどを集めて対応していたようです。そこに大型ハリケーン到来の被害の大きさは推測もできません。

ニューヨーク市水道局では老朽化したインフラストラクイチャの水道の管理のため、GISを導入して水道ネットワークの管理、地図の利用、新施設の設計に利用しています。日常的に起こる緊急事態にも対応しています。

1.3　交通

オーストラリアのケアンズでは新規バスルート計画支援のためにGISを利用してデータを解析した例があります。

アメリカでは交通管理システムに利用されているケースが多くあります。橋、歩道、安全、公共交通、共同一貫輸送、渋滞緩和などのために管理システムを構築したり、輸送計画、除雪ルート分析に使われています。

日本では、京都のタクシー会社が空港までの送迎サービスをしています。2日前までに受付を行い、これをスムーズに手配するためGISを導入し、地図の検索とその印刷、伝票作成、関連部所への連絡の業務を短縮して効率的にサービスしています。

1.4　空港、港湾

ヨーロッパでは航空管制にGISが使われています。また、空港の施設管理業務にも利用されています。オランダのスキポール空港は設計段階からCADシステムとしてGISを導入し、メンテナンスまで考慮したシステムになっています。その他、ヒースロー空港、ミュンヘン空港等もGISで設計、施設管理をしています。

また、工場でもGISの使用例があります。CADが使える内容なら、費用を考慮してGISで長く管理しようということです。

1.5　都市計画、土木、景観

台北駅は地下街開発の計画設計にGISを利用しました。スウェーデンでは国道管理民間委託推進の際に導入しています。

アメリカでは橋梁建設のためや都市計画、環境計画、景観設計等のプロジェクトにGISを活用しています。

1.6　警察

アメリカのある州では麻薬犯罪捜査にGISを活用して、捜査が重ならないように調整しています。

1.7　その他

設計図や地図の整理に使っている例があります。

GISは改良が進み、使い易くなってきています。思わぬ場所でも工夫次第で利用し効果を挙げているものが出てきています。日本では自治体の統合化GIS導入が盛んに推進されています。

２．文献について

本文中で紹介したように、たくさんの良書が出ています。その中で、学生のみなさんには次の5編を推薦します。その他については各書の文献を見てください。
①　木平勇吉・西川匡英・田中和博・龍原哲著「森林GIS入門」(社)日本林業技術協会、100pp.、1998.
②　加藤正人編著：森林リモートセンシング第3版－基礎から応用まで－、株式会社日本林業調査会、444pp.、2010.
③　露木聡著：リモートセンシング・GISデータ解析実習－入門編－、株式会社日本林業調査会、114pp.、2005.
④全国林業改良普及協会編：林業GSP徹底活用術、158pp., 2009.
⑤全国林業改良普及協会編：続林業GSP徹底活用術、142pp., 2011.
①は本書でも引用したように森林GISの基本を学習できます。②はリモートセンシング、空中写真、その他の技術について詳しく学習できます。③は実習用のテキストとして作られていますが、自習することもできます。④⑤はGSPの実用書です。
その他、それぞれの技術についてはウェブページに最新の書籍が紹介されているので本書ではそれに譲ります。
興味を持った人は、後回しにしないでいろいろ情報収集してみましょう。

索　引

ア

アクセスコントロール ………………………116
アプリケーション………………………………48

イ

位相構造………………………………………37
インターネット………………………………91
インターネットコミュニテイ …………103
インターフェース……………………………51

ウ

ウイルス………………………………………98

オ

オブジェクト…………………………………27
音声データ………………………………10，35

カ

解像度 …………………………………9、39
外部委託………………………………………25
概要設計………………………………………51
加害者…………………………………………98
重ね合わせ………………………21，28，33
カスタマイズ………………………23，24，44
仮想空間………………………………………103
カテゴリー化…………………………………47
管理体制………………………………………55
関連付け……………………………21，27，39

キ

基幹システム…………………………………43
機能評価………………………………………47
協力体制………………………………………54

ク

空間を超越 ……………………………………101
空間情報検索…………………………………21
空間データ……………………………………21
空間データ基盤………………………………86
空中写真…………………………………34，77

ケ

携帯電話 ………………………67，92，114，117

コ

計測………………………………………31，33

航空レーザ測量………………………………81
更新時期………………………………………57
高分解能衛星…………………………………72
互換性…………………………………………89
国土地理院……………………………………85
国民生活の変化 ……………………………128
誤差……………………………………………63
コロプレス図…………………………………35

サ

サーバー………………………………………91
サブシステム…………………………………43
三角形不規則網（TIN） ……………………41
3次元動画……………………………………48

シ

時間を超越 ……………………………………101
時系列…………………………………………23
資源探査衛星…………………………………71
システム開発…………………………………51
システムテスト………………………………52
システム導入目的……………………………22
自動翻訳 ………………………………………103
縮尺……………………………………………18
主題……………………………………………18
主題地図…………………………………22，23
集中管理………………………………………24
シミュレーション……………………………46
住民基本台帳 ………………………………112
仕様書…………………………………………53
情報コンセント………………………………92
情報交換………………………………………93
植生指数………………………………………73
真贋判定 ……………………………………117
森林GIS…………………………………15，17
森林モニタリング ……………………71，127

ス

数値データ……………………………………8
数値標高モデル………………………………82

数値表層モデル…………………………82
スキャナ……………………………15, 34

セ
セキュリテイ対策……………………98
セル ……………………………………9, 31
線…………………………………………27

ソ
層…………………………………………19, 39
像のゆがみ……………………………78
属性情報検索…………………………21

チ
地域森林施業計画……………………47
地球観測衛星…………………………71
地形解析………………………………47, 58
地上分解能……………………………72
地図………………………………………17
地図管理の体系化……………………22
地図の補正……………………………21
中波無線標識…………………………65
鳥瞰図…………………………………35
著作権…………………………………99

ツ
使いやすさ……………………………56

テ
デイファレンシャルGPS（DGPS） ……64
データ管理……………………………24
データ管理体制………………………24
データ更新……………………………23
データの整合性………………………23
データベース…………………………13
デジタイザ……………………………15, 34
デジタルオルソフォト………………34, 78
デジタルカメラ………………………34
デジタルデバイド……………………96
デジタル地形モデル（DTM）…………41
デジタル標高モデル（DEM）…………41
点…………………………………………27
電子基準点……………………………64, 86
電子国土web システム ………………86
電子商取引 ……………………………104

ト
統合……………………………………28
統合型GIS ……………………………43, 55
動植物の分布…………………………47
等値線…………………………………47
等値線図………………………………35
土地利用図……………………………46
トレーサビリティ ……………………117

ナ
内部運用………………………………25

ニ
二次元バーコード ……………………113

ネ
ネチケット……………………………98
ネットニュース……………………………93

ハ
ハイパーテキスト構造………………92
バーコード ……………………………113
バッファリング………………………31, 33
汎地球測位システム…………………61
汎用性…………………………………58

ヒ
被害者…………………………………98
非空間データ…………………………21
ピクセル………………………………31
非接触型ICカード ……………………109
ヒューマンウェア……………………20

フ
複合システム …………………………125
プロトコル……………………………91
プロトタイプ…………………………52
プロバイダ……………………………92
分解能…………………………………39
分散管理………………………………24
分類図…………………………………35

ヘ
ベクターデータ………………………28, 37, 40
ベクターモデル………………………27

マ	
マウス	34
マーケティング活動	117
マニュアル	53, 57

ム	
無線ICタグ	109
無線LAN	92

メ	
メッシュデータ	31
メーリングリスト	94
メールアドレス	93
メールソフト（メーラー）	93

モ	
文字データ	9
モニタリング機能	69, 74, 125

ユ	
ユーザインターフェース	36
ユーザー教育	56

ヨ	
要件定義	51

ラ	
ライフサイクル	53
ライフスタイルの変化	103
ラジオビーコン	64
ラスターデータ	31, 39, 40
ラスターモデル	31

リ	
立体地図	36
リモートセンシング	34, 71
立木位置図	47
リンク	21, 27
林相図	47
林道設計	48

レ	
レイヤ	19, 39
レクリエーション	47
レーザ装置	82
レーザプロファイル	81

ロ	
ロングテール現象	105

ワ	
ワクチンソフト	98

ABC…	
BtoB	104
BtoC	104
B2B	104
B2C	104
CAD	27, 34
DB	13
ETC	109
Eメール	93
FeliCa	112
FTP	94
GISの公開	25
GISの歴史	25
GPS	61
GPS衛星	61
GPSの基本原理	61
GPS受信機	61
GtoB	104
GtoC	104
ICOCA	112
ICカード	109
IKONOS	72
IT革命	20
LAN	91
LANDSAT	71
PiTaPa	112
QRコード	113
Quick Bird	72
RFID	109
Suica	111
TCP/IP	91
ｗｗｗ	92
ｗｗｗ検索エンジン	93

著者紹介
田中　万里子（たなかまりこ）

東京都出身、農学博士（東京大学）
昭和50年東京大学農学部林学科卒業
昭和58年東京大学大学院農学系研究科修了、「輪伐期の研究」で学位取得
昭和58年〜平成3年株式会社東洋情報システム勤務
平成3年から拓殖大学講師，平成5年から東京経済大学講師，平成7年から東京農業大学講師開始，現在3大学の非常勤講師
東京農業大学では「森林情報学」、「森林作業システム学」等を開講

改訂 **森林情報学入門**—森林情報の管理とITの活用—

2012年（平成24年）9月1日　　改訂第1刷発行
2021年（令和3年）12月20日　　改訂第2刷発行

　著　者　　田中　万里子
　発　行　　一般社団法人 東京農業大学出版会
　　　　　　代表理事　進士五十八
　　　　　　住所　〒156-8502　東京都世田谷区桜丘1-1-1
　　　　　　Tel. 03-5477-2666　Fax. 03-5477-2747
　　　　　　http://www.nodai.ac.jp
　　　　　　E-mail: shuppan@nodai.ac.jp

©田中 万里子　　印刷／モリモト印刷株式会社　2112014
ISBN978-4-88694-510-5　C3061　¥1400E